NEUROBIOLOGIA DEL INTELECTO

LIBRO PRIMERO

"Qué es la Neurobiología"

ENSAYOS NEUROEPISTEMOLÓGICOS

YURI **Q.** ZAMBRANO, M.D.

2014

TELARAÑA EDITORES

NEUROBIOLOGÍA DEL INTELECTO

LIBRO PRIMERO: "Qué es la Neurobiología"

Ensayos Neuroepistemológicos.

Primera Edición.

TELARAÑA EDITORES

International Standard Book Name:
ISBN 978 – 1 - 291 – 68540 - 4

IMAGEN EN PORTADA: Propiedad intelectual del Autor. Concebida y realizada integralmente bajo recursos originales de diseño autoral.

Diseño e Impresión: Telaraña Editores

Impreso en México.

Arial 12 pts. mayor parte del texto y Bibliografías en Times New Roman, 10 pts. Títulos y estilo acordes a convenciones generales. Gráficas debidamente reseñadas y bibliografiadas, según derechos internacionales de autor.

¿Cuándo comienza el
aprendizaje?

Hay una brecha
considerable entre conocer
el nombre de las cosas,
re-conocer el nombre de
esas cosas,
y entender finalmente
tales cosas.

Cuando creemos
comprenderlas,
apenas nace el concepto.

A todo eso,
hay que darle vueltas
constantemente!

Tenochtitlan,
Enero 22, 1989.

Le Faux Miroir, 19 x 27 cm. Óleo sobre tela.
Museo de Arte Moderno de Nueva York
René Magritte, 1928

I

Contenido

LIBRO PRIMERO

QUÉ ES LA NEUROBIOLOGIA

MÓDULO 1

MÓDULO 2

MÓDULO 3

MÓDULO 4

PROEMIO PARA LA EDICION TOTAL

Después de mucho considerarlo y ponderar si "Neurobiología del Intelecto", — un tratado sobre el devenir de la neurobiología y sus aplicaciones a las funciones cognitivo-intelectuales y concienciales—, debería ser fraccionado; se decidió realizar la edición de esta apoteósica obra -con más de 1500 hojas (en A4) -, integrando publicaciones más breves. Es decir, volúmenes con exégesis a manera de *epítomes* o compendios como si fueran excerptas que pudiesen ser digeribles y más abiertas al lector interesado en dilucidar los enigmas que la neurobiología nos ofrece, para entender, el cómo se estructura el curso del pensamiento intelectual.

Originalmente la obra, fue finalizada hace 10 años, en más de 64 módulos con apéndices algorítmicos que sustentan la teoría de la epistemología neuronal (TEN). Estos módulos, obedecen a la nueva perspectiva de modelos distribuidos, en el que las jerarquías neuronales integran su información dentro del clásico procesamiento columnar y los cánones de reverberación sináptica basados en los principios de Donald Hebb, útiles para consolidar los procesos de memoria y aprendizaje.

La obra está dispuesta en cinco partes, dividida didácticamente en módulos, iniciando desde conocimientos muy superficiales hasta la explicación de complejos mecanismos de procesamiento neuronal que se dan en las funciones de alto orden conciencial.

Así pues, la primera parte relaciona a la infraestructura del pensamiento, describiendo la función integral molecular de la neurona hasta los mecanismos que se utilizan para generar información coherente y sincronizada produciendo actividad intelectual. La segunda y tercera partes, tratan sobre fisiología y dinámica neuronal integrativa, desde la función biofísica de canales iónicos y la liberación de neurotransmisores, hasta la explicación de la integración de redes neuronales por mecanismos de retropropagación y algorítmicos. Las dos partes finales, contienen módulos de función cerebral superior como mecanismos de memoria e integración conciencial, describiendo la actividad neuronal que subyace en los estados amplificados de la conciencia, y también en los estados básicos de conciencia.

En esta colección de volúmenes, el autor, en titánica recopilación, busca la actualización de sus bibliografías con casi 30 años de estudio en el tema, y además orientándolo por primera vez en español, hacia la Neuroepistemología; recurriendo al método científico, a la investigación en conciencia y a las redes neuronales que la generan; completamente analizadas desde el punto de vista de la TEN.

Este trabajo se presenta como una alternativa inicial, útil para diversificar el pensamiento y abrir opciones de búsqueda a nuevos investigadores que objetivamente, conforman la substancia de la esperanza humana.

A continuación la *summa neurobiológica* original, de la que se desglosarán las exégesis pertenecientes a "Neurobiología del Intelecto".

YURI ZAMBRANO

V

NEUROBIOLOGIA DEL INTELECTO

"SUMMA NEUROBIOLÓGICA"

- PARTE I -
INFRAESTRUCTURA DEL PENSAMIENTO

1. QUÉ ES LA NEUROBIOLOGÍA.

Módulo

LAMINAS ANEXAS

2. El Fascinante Sistema Nervioso:
LA COMPLEJA MAQUINARIA FUNCIONANDO

Módulo

3. LA ULTRANEURONA,
O EL PARADIGMA DE LA ESPECIFICIDAD

Módulo

4. "EN BUSCA DEL PENSAMIENTO PERDIDO..."
Algunas Disquisiciones sobre La Frenología y La Topografía Cortical

<u>Módulo</u>

11. Aproximaciones al Estudio de la Fisiología Cortical
12. El Mapeo Cortical como Herramienta en la Comprensión De La Función Cerebral.
13. Estratificación Cortical y Corticogénesis
14. La Artesanía Cortical y la Emergencia de las Funciones Cerebrales Superiores.
15. Asimetría Hemisférica
16. Cómo se genera la imagen mental

- PARTE II -
<u>LA DINAMICA NEURAL</u>

A. IMPLICACIONES PARA UN MECANISMO OPERACIONAL

5. SINAPTOGÉNESIS Y GUIA DEL AXÓN

<u>Módulo</u>

17. Sinaptogénesis
18. El establecimiento de la sinapsis
19. El extraño caso del axón navegante

6. ONTOGENIA DE LOS SENTIDOS Y SUS VÍAS DE PROCESAMIENTO

<u>Módulo</u>

20. La Génesis Para Cada Uno, Tiene Sentido.
21. Las Vías De Procesamiento Sensorial
22. Cómo Actúan

7. APOPTOSIS Y MUERTE NEURONAL.
(Vida, Obra y Realidades De Un Sistema Neural)

Módulo

B. DE LA CONFLUENCIA DE LOS ELEMENTOS

8. DE LOS IONES A LA MEMBRANA.

Módulo

9. ATENCIÓN: SINAPSIS TRABAJANDO

Módulo

- PARTE III -
REDES NEURONALES

10. EL PROCESAMIENTO DE LA INFORMACIÓN INTELECTUAL

Módulo

11. QUÉ ES UN MODELO NEURONAL.

Módulo

12. HACIA UNA NUEVA CONCEPCIÓN DEL PROCESAMIENTO NEURONAL

Módulo

- PARTE IV -
LAS APLICACIONES DE ALTO ORDEN

13. BASES MOLECULARES PARA GOZAR DE UNA MEMORIA SORPRENDENTE

Módulo

14. LOS SISTEMAS DE MEMORIA Y LAS CORTEZAS DE ASOCIACIÓN

19. LOS NIVELES DE LA PERCEPCIÓN EXTRASENSORIAL

Módulo

20. LA SUBLIMACIÓN DEL INTELECTO Y LA NEUROEPISTEMOLOGÍA.

Módulo

APÉNDICE X
SEX~cUALIDAD Y CEREBRO

Módulo

APÉNDICE " Y "
APENDICE ALGORITMICO DE LA "TEN"

INTRODUCCION A LA OBRA EN PARTICULAR

LIBRO PRIMERO

Las perspectivas actuales de la neurobiología constantemente presentan una objetiva gama de posibilidades de estudio, cuyo único fin es resolver los múltiples acertijos, que los modelos neuronales en cada uno de sus caracteres imponen al investigador, enfrentándolo con diversos obstáculos teórico-prácticos, desde los enfoques más generales hasta, quizá, respuestas tan ocultas que el sistema nervioso sólo permite inferir entre líneas, y mejor, entre espacios intra e interneuronales.

Tal vez el método científico, desde sus muy heterogéneos abordajes y aplicaciones, sea el responsable directo de que día con día se manifiesten un sinnúmero de interrogantes, que pueden no ser respondidos en el curso de la inmediatez; o en su defecto, deben transcurrir días, meses, o incluso años, para la solución de hipótesis que, con el tiempo, consolidan grandes controversias o, cuando menos, se convierten en parte de la historia de la constante investigación.

Esencialmente la neurobiología se perfila como una necesidad de búsqueda persistente, y en el ámbito de las neurociencias ostenta ser la más holista de las disciplinas, ya que goza de un gran porcentaje de opciones que el investigador, a medida que examina los paradigmas de la ciencia, suele resolver con cierto grado de pragmatismo, independientemente de las concepciones teóricas que previamente determinan una estrategia experimental.

Goza, por tanto, de un cúmulo de herramientas, mismas que, quien es proclive a estos temas, aprovecha para llegar a dilucidar los problemas planteados, considerando estos elementos como los recursos fundamentales del neurobiólogo. Entre ellas, la neurobiología celular y molecular exhibe poderosas razones para abordar los orígenes de ciertos comportamientos biológicos y, por supuesto, comprender los eventos que subyacen, por ejemplo, al plegamiento proteico, la síntesis de proteínas y las interacciones entre las mismas, fundamentales para entender mecanismos reduccionistas relacionados con la generación del intelecto.

Cuando los procesos de pensamiento se analizan dentro de un contexto más fundamentado, los avatares de la neurobiología conductual se convierten en un instrumento vigoroso para despejar las incógnitas que surgen cotidianamente. Así, existen otros abordajes para comprender lo que en su totalidad conforma el estudio del aspecto neurobiológico del intelecto, entre los que destacan la neuropsicología aplicada, la neuroendocrinología, los procedimientos que la clínica permite extrapolar de lo investigado en neurociencias básicas y, finalmente, los adelantos que brinda la tecnología, donde la neuroimagen y el análisis computacional son un motor de alta concreción para conceder una idea relativamente aproximada a la demarcación de ciertas tareas cognitivas.

En síntesis, la neurobiología examina el comportamiento evolutivo del sistema nervioso en su conjunto con diferentes matices: ya sean estructurales, moleculares, o meramente fisiológicos. Además, trata de comprender los sucesos que conforman la cognición y, en última instancia, procura un acceso integral al trasfondo de todas estas interrogantes mediante metodologías específicas; estimulando diversas inquietudes que se congregan en este primer tomo de Neurobiología del Intelecto: fortaleciendo el camino neuroepistemológico que lleva a comprender en didácticos módulos, cómo se estructuran el pensamiento y demás cualidades cognitivo-concienciales.

EL AUTOR

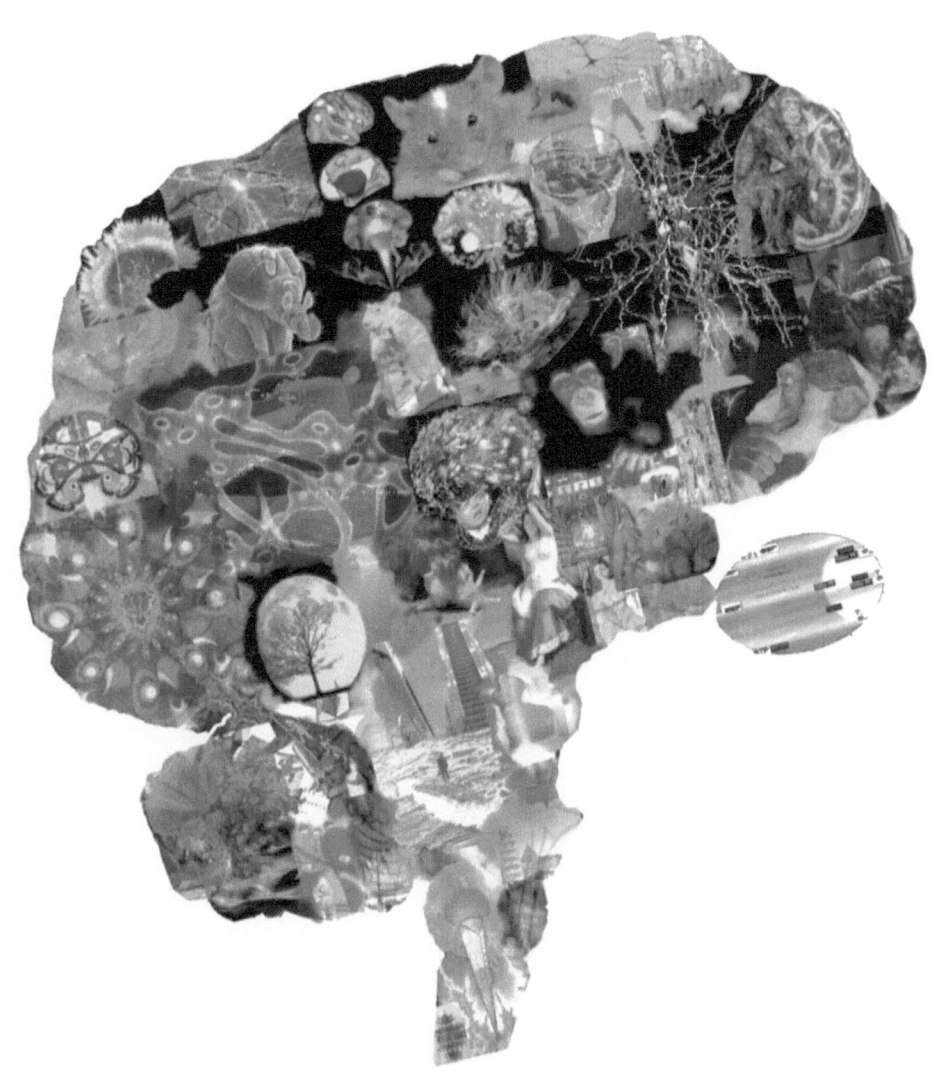

CREENCIA NEUROBIOLÓGICA

En algún espacio de *terra firme*,
al sureste de los lagos glaciares
del Sol y de la Luna,
Dentro del cráter del Volcán Xinantecatl.
(Noviembre 16 de 1996, 01:43 am.)

Creo en la sinapsis de Sherrington,
señora y dadora de vida
que procede
del cono de crecimiento axonal
y de la unión neuromuscular,
primera transformación
de lo invisible a lo visible,
proceso de expansión de un sistema.

Creo en la liberación de
Neurotransmisores,
nacida de la despolarización neuronal
antes de la inhibición presináptica
y en los eventos que la componen.
Efecto de efectos moleculares
Luz de luz,
engendrados no creados
de la misma naturaleza biológica
de los ácidos nucleicos,
por quien todo fue hecho;

Que por nuestra salvación
fue crucificada en tiempos apoptóticos,
y por obra evolutiva,
fue ascendida a unidad neuronal,

sentándose a la derecha de la ciencia,
y de nuevo vendrá con gloria
para juzgar a crédulos y escépticos,
y su reino no tendrá fin.

Creo en la santa coherencia neuronal,
que procede de una armonía
sincrónica,
que por los dos anteriores
recibe comandos genéticos
predeterminados,
adoración y gloria,
dedicación y sustento;
y que habla por nuestros
comportamientos.

Y en la Neurobiología
que es una santa,
científica y apostólica
confieso que hay varios textos
para el perdón de nuestra ignorancia
esperamos la resurrección del
entendimiento
y la conversión del mañana
en prehistoria

Amén.

ACRÓNIMOS

AB: Area de Brodmann
CPF: Corteza Prefrontal
COF: Corteza Orbitofrontal
EEG: Electroencefalograma
FSC: Flujo Sanguíneo Cerebral
ICE: Indice de Conectividad Efectiva
gF: Inteligencia General
gO: Inteligencia Operativa
MEG: Magneto EncefaloGrafía.
RMf: Resonancia Magnética Funcional
RMN: Resonancia Magnética Nuclear
SNC: Sistema Nervioso Central
TAC: Tomografía Axial Computarizada
TEP: Tomografía por emisión de Positrones
DTI: Imágenes por Difusión Tensorial

... A new scientific truth does not triumph
by convincing its opponents
and making them see the light,
but rather
because its opponents eventually die,
and a new generation grows up
that is familiar with it.

Max Planck, 1858-1947
Scientific Autobiography

MÓDULO 1

1. DE LOS DIVERSOS ASPECTOS DE LA NEUROBIOLOGÍA

Nuestro cerebro, esa masa informe que goza solamente de 500 gramos de proteína envuelta en poco más de un kilo de grasas a manera de emparedado, brinda aún cuestionamientos que, pese a los grandes avances tecnológicos y a los muchos grupos de investigación neurocientífica que a diario se consolidan, presenta una gran gama de posibilidades de ser abordado para su comprensión.

Afín con interesantes protocolos, todo mecanismo neuronal es insistentemente estudiado y, a medida que se escudriñan sus profundidades, más nos asombramos de las maravillas y sincronías que presenta cada uno de sus microcomponentes para determinar la especialización de sofisticadas funciones.

Tal pareciera, que él mismo cerebro, y unidad neuronal se encarga de elaborar los más complejos laberintos dentro de sus tejidos y células nerviosas para que, con el tiempo, sepamos qué tan mecánico, o neuronal es su estratégico y bien acomedido funcionamiento, que semeja una especie de caja de Pandora, al abrigar los más intrincados paradigmas de perfección de la naturaleza evolucionista desde el punto de vista biológico.

El hecho de comprender este amasijo de grasa y proteínas acompañadas de una calidad poblacional de células bastante evolucionadas, nos sitúa directamente en la disyuntiva operante del efecto que produce un sistema celular bien cohesionado que, de alguna manera, presenta especializaciones y subespecializaciones, como si su comportamiento fuese predeterminado, y que en circunscripciones prácticas, sugiere la participación de genes que influyen en el comportamiento de ciertas funciones específicas para éste tipo de células, todas con un común denominador que se comprende dentro de los cánones de la excitabilidad neuronal. Dicho de otro modo, las proteínas inmersas en este sistema tienen una capacidad de procesar información que las diferencia sustancialmente del resto de células del organismo, ya que cuentan, además, con la facultad de responder eléctricamente a estímulos provenientes de su entorno, para lo cual requieren del papel preponderante de la membrana celular.

Este cúmulo de comportamientos que, por ejemplo, pueden suceder a eventos o

El cerebro es una extraña conjunción de grasas, agua y proteínas. La combinación de estos compuestos genera actividades eléctricas y químicas que integran funciones intelectuales.

estímulos sensoriales, culmina en la mayoría de los casos con respuestas motoras o cognitivas, que evidentemente sustentan funciones superiores de alto comando. En ocasiones, el humano no sólo responde emocionalmente o inhibiendo actos musculares, sino que tiene la característica distintiva de articular palabra, la que en ocasiones es fiel reflejo de los estados de ánimo del individuo, parte fundamental de su patrón conductual. Por naturaleza el animal, incluso el primate, suele responder igualmente a un estímulo, ya sea de manera condicionada o como parte de mecanismos de defensa biológicos, sea con los sonidos característicos de cada especie, o simplemente con movimientos, desplazándose del sitio donde encuentra peligro, o bien desde donde recibe el estímulo que lo hace reaccionar.

1.1. LOS MODELOS DE INVESTIGACION

Los objetos de estudio son fundamentales en la búsqueda constante de respuestas (ver Fig. 1.1). Con ayuda del gato por ejemplo, se establecieron clásicamente los protocolos utilizados para dilucidar los patrones electrofisiológicos del sueño; además, se lograron dos sustanciales avances, el primero que fundamentó las bases del procesamiento columnar reportado primeramente en corteza somato-sensorial y el segundo, sirvió para integrar todo el conocimiento conceptual de cómo estructura el cerebro las respuestas a los estímulos lumínicos y los campos receptivos de los colores. Extrapolando estos resultados, es como posteriormente, se ha entendido como el cerebro humano procesa la información.

Los animales basan su supervivencia gracias a sus receptores neuronales sensoriales.

Hay receptores sensoriales con impresionante desarrollo. Vale decir que en términos de la neurobiología comparativa, los felinos gozan de un muy sofisticado dispositivo para discriminar objetos en la oscuridad (Hubel & Wiesel, 1959).

Algunos insectos, amparados en sus geométricos omatidios, generan un campo espacial que equivale a un modelo de retina envidiable; así las abejas detectan grados de luz ultravioleta; los tiburones en sus condiciones de expectación neuronal previas al ataque, integran campos eléctricos a bajas frecuencia (entre 0.1-20 htz); en contraste, y a mayor profundidad submarina, ciertos peces eléctricos manejan frecuencias de 50 a 5000 htz (Bullock TH, 1984).

Durante las actividades de caza, los animales salvajes y acuáticos, realizan sofisticadas actividades cognitivas, basados en mecanismos de expectación neuronal.

El primate hablante puede discriminar muchos más procedimientos complejos con especial grado de diferenciación, mientras que otras especies, como las caninas o algunos felinos, tienen altamente desarrollado el sentido auditivo y gozan de neuronas especializadas para distinguir intensidad, tono y timbre de los estímulos acústicos, con los que identifican a sus amos, o ciertos peligros y ambientes que les sean familiares. Un ave, por ejemplo, puede reaccionar desde sus primeras horas al alimento que llevan sus progenitores al nido, y los roedores tienen un espectro de discriminación olfatoria que ocupa gran parte de su corteza cerebral, con el que justifican el enorme sentido de orientación exhibido en tareas cognitivas desempeñadas durante laboriosos protocolos de experimentación.

Yuri Zambrano

OCCIPITAL

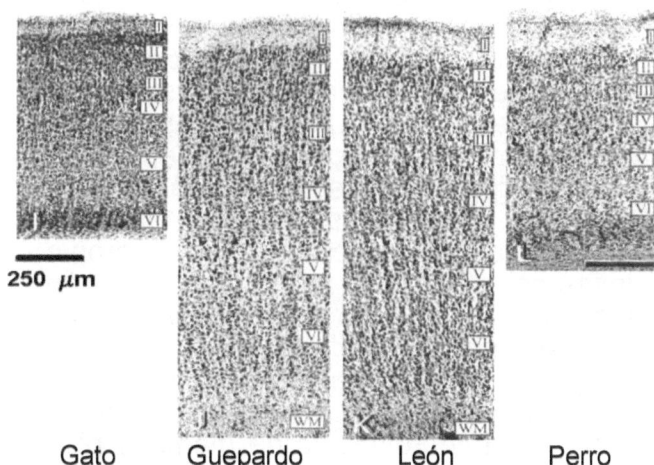

Gato   Guepardo   León   Perro

Fig. 1.1 La neurobiología comparativa es una de las herramientas más sustanciales y sorprendentes para determinar, desde ópticas muy sencillas, cuán estructurado es el sistema nervioso en la escala filogenética y como se conjuntan las especializaciones y comportamientos neuronales en cada una de las especies. En este impecable trabajo, apreciamos las diferencias de la topografía cortical en felinos salvajes y dos de los animales domésticos más familiares. La preparación se hizo a partir de fijación de paraformaldehído al 4% en cerebros de una hora *post mortem*, usando un vibrotomo para obtener cortes de 100 micras y por técnicas de inmunohistoquímica y tinción de Nissl, se identificó mejor la citoarquitectura occipital de cada una de las cortezas animales analizadas (Ballesteros-Yañez et al, 2005).

De manera similar, el cerebro del músico tiene capacidades cognitivas heterogéneas y, por lo tanto, presenta mecanismos de desarrollo y plasticidad sináptica diferente al de otros cerebros acostumbrados a distinto tipo de labores (Avanzini et al, 2003, Zatorre, 2003). Sus áreas corticales cerebrales están

NEUROBIOLOGIA DEL INTELECTO

especializadas y se fortalecen a medida que repasan sus partituras. Allí encontramos, entonces, varias actividades que se conjuntan simultáneamente, como el manejo de tiempos y compases, el acoplamiento armónico con los demás integrantes de la orquesta, el reconocimiento de signos en la lectura de un pentagrama, la discriminación acústica de los demás instrumentos que lo acompañan, el conocimiento de su propio instrumento en las tareas de afinación individual y de grupo y, en general, todos los estímulos audiovisuales que se requieren para la ejecución eficaz de un pianista, violinista o baterista, que debe manejar la coordinación de manos y pies para ajustarse al ritmo de sus compañeros.

> ¿Cómo hace el cerebro para generar mentalmente , el sonido de una canción o de una voz familiar ?

Todo lo anterior sería incomprensible sin la existencia de un cúmulo de disciplinas abrigadas dentro de un gran complejo de ramas científicas que constituyen eventualmente la gran familia de las neurociencias. Aunque entrar en términos de la definición de cada una de sus ramas sería más que polémico, y no obedece al perfil de este texto, basta con decir que la estructura y funcionamiento de la masa encefálica no podría abordarse de otra manera lógica y científica sino desde estas perspectivas (ver Tabla 1.2).

Partiendo de que las Neurociencias son un conjunto de disciplinas que experimentalmente comprueban la fenomenología neural en todas sus variables, teniendo como fin común el discernimiento metodológico y analítico de cada una de sus manifestaciones y eventos, en forma molecular-estructural y comportamental, lo más probable es que, para cada una de sus subdivisiones, exista una probabilidad de aproximación conceptual. Neurobiología es un término más integral, que implicaría e interactuaría muy estrechamente con la neurofisiología o ciencia dedicada al estudio del funcionamiento del sistema nervioso.

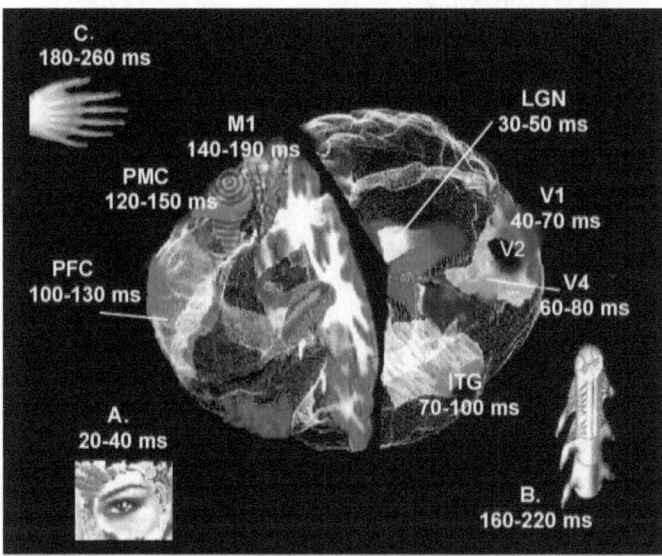

Fig 1.2 Velocidades de Procesamiento Cerebral. En este modelo tridimensional de Arthur Toga y John Mazziotta se aprecia mayormente el curso temporal de transferencia de la información desde retina (A) hasta cortezas visuales (V1-V4) a través del Núcleo Geniculado Lateral (NGL). El tiempo transcurrido de V1 a V4 oscila entre 20 y 40 ms, y es lo que emplea el cerebro para procesar formas y figuras, dando detalle y discriminación a los objetos vistos. Más tarde, la información viaja al Giro Temporal Inferior (GT), donde hay una transferencia de alto nivel que puede ayudar a definir caras, bordes y detalles más finos llegando a un promedio de 100 ms, antes de pasar la información a la corteza prefrontal (CPF) -donde hay codificación intelectual de lo que es observado y juicios para enviar información a la corteza premotora (CPM)-, y emitir una decisión sobre la acción a efectuar en la corteza motora primaria (M1). Entre 160 y 220 ms después del estímulo visual retiniano, la información ha viajado desde M1 a la médula espinal (B) para activar extremidades terminales y ejecutar tareas motoras finas (C). A partir de Sejnowsky, 2003.

Un empecinado defensor de la semántica, ampliaría la previa definición de neurofisiología y escribiría: «ciencia dedicada a analizar por diversas y rigurosas metodologías los fenómenos químicos y físicos que subyacen al comportamiento celular y dinámico integral de los componentes inmiscuidos en el sistema nervioso».

La neurobiología utiliza grandes recursos que nos ayudan a comprender integralmente las interacciones y mecanismos neuronales que generan funciones cerebrales superiores.

Sin embargo, y pese a que no existe una definición consensuada del término, muchas son las que pueden existir o presentarse en referencia de éste, y seguramente todas las aproximaciones gozan de alguna certidumbre.

En términos simples, la biología es el estudio de la vida, o la ciencia que trata sobre la vida. De allí podemos inferir, sin mayores contemplaciones, que como lo indica el término, la Neurobiología trata sobre la vida del sistema nervioso y de todo lo que de él, se desprenda.

El sustento de este primer epítome, por tanto, no es definitorio, puesto que su razón y la de la ciencia no es la de centrarse en la mera terminología, sino establecer la premura conceptual de lo que a grandes rasgos significa la neurobiología como el fundamento básico que utiliza el individuo racional para comprender los orígenes de su pensamiento.

En tal categoría cualitativa, la familia de la neurobiología es relativamente grande, dado que todas sus disciplinas conforman un conjunto y éste, a su vez, determina la orientación por la que los diferentes eventos que requieren ser estudiados son puestos a disposición de la metodología científica. En ella subyacen dos importantes ramas, cuyo brazo fuerte es la neurobiología experimental, encargada de corroborar paso a paso sus teorías, y siempre tratando de eliminar los factores de interferencia que alteren los resultados finales que han sido planteados previamente con estrictas hipótesis, enfocadas objetivamente a la solución de problemas fisiológicos o, en su defecto, fisiopatológicos.

La difusión del conocimiento por parte del neurobiólogo investigador, tanto en la teoría como en la experimentación, puede ser orientada enfáticamente a las posibilidades que éste tenga, no sólo de plantear objetivamente su problema, sino también de su rango de certidumbre para resolverlo. En términos particulares, un problema clínico de disfunción hipofisiaria podría requerir de un enfoque científico neuroendocrinológico, no obstante que, lo más importante en el reconocimiento del problema es sin duda la fisiología hormonal.

En tal coyuntura, el neurobiólogo celular se preocupará por las estirpes neuronales tirótropas (con función tiroidea), lactótropas (asociadas a prolactina) o, según sea su desempeño, en el caso de que su hipótesis se relacione con ese aspecto, de la fisiología adenohipofisiaria. Estudiará por lo tanto sus variables neurofarmacológicas, electrofisiológicas, pero también su carácter neuroanatómico, comprendiendo los mecanismos de integración celular que generan complejos fenómenos de neuropsicología cognitiva, esencialmente para el caso que, en conjunto, pudiese involucrar también a la neurohipófisis; entonces analizará objetivamente problemas de la oxitocina, o relacionados

El estudio de las hormonas es relacionado estrechamente con la conducta del individuo y con sus interacciones afectivas.

con la vasopresina, las cuales se han asociado durante los últimos años con la memoria afectiva (Ross& Young, 2009; Ebstein et al, 2010; Olff et al, 2013). Entendido el problema como un factor hormonal, pero planteada la función como un problema de neurofisiología y de neurobiología conductual, si este aspecto se relaciona con el estrés, un factor muy importante en los mecanismos de recuperación mnésica, entonces el enfoque tendría una competencia neuroinmunológica, y la neurobiología como tal echaría mano de los recursos y herramientas que socorren a la disciplina de la psiconeuroinmunoendocrinología Brambilla, 2000; Nemeroff, 2013).

En síntesis, la perspectiva de un investigador dedicado, debe orientarse de manera integral a resolver el problema que le atañe. Es así que, quienes se dedican a indagar problemas de la fisiología celular del sistema nervioso, difícilmente podrán contar no sólo con las herramientas para entender y registrar los experimentos de la neurofisiología de la percepción, o de las actividades sensoriomotoras integrales, y viceversa.

La óptima integración de los recursos del investigador, es fundamental para que se divulgue y traduzca, lo que las neuronas tratan de decirnos.

Asimismo, quienes escogen dentro de las neurociencias el registro de la actividad biofísica de canales iónicos, el estudio de la liberación de neurotransmisores, o la comprensión de los mecanismos de excitación y secreción de neuronas -sean motoras, simpáticas o centrales-, tendrán que recurrir a expertos, o en su defecto a especializarse en otras ramas de la neurotécnica para comprender el resto de la escala de conocimiento en la compleja integración fisiológica del sistema nervioso.

Yuri Zambrano

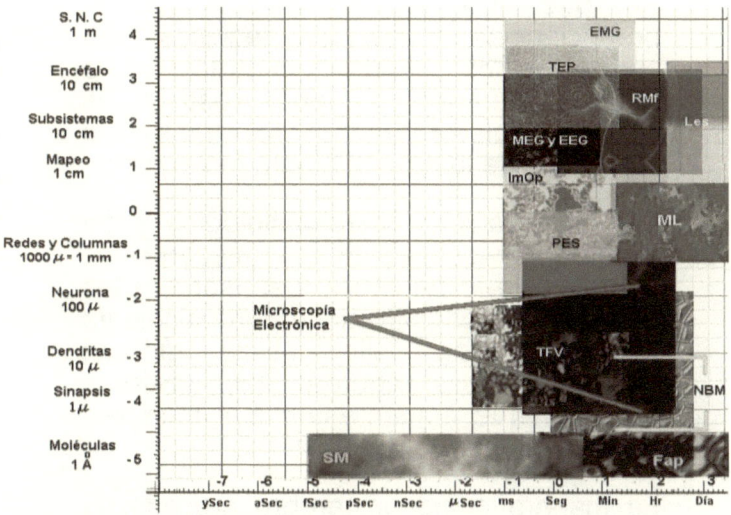

Fig. 1.3 Resoluciones Espacio-temporales en las diversas técnicas de mapeo del SNC. Los niveles de investigación del cerebro, se presentan organizados de forma logarítmica, a manera de escala espacial. En la parte superior del eje vertical de la gráfica, se estudian los componentes de las funciones de alto orden. Abajo, unidades ( ) para algunas proteínas asociadas a neurotransmisores y receptores. En el eje horizontal, tiempo en escalas. Las magnitudes temporales oscilan desde unidades muy pequeñas, que van desde 1×10^{-21} segundos, como el yoctosegundo (yS), el attosegundo (aS), hasta horas y días, pasando por nanosegundos, etc. A nivel molecular, la transducción de señales por segundos mensajeros (SM) puede comprender procesos tan rápidos como los de la rodopsina, cuya isomerización se realiza en magnitudes del femtosegundo (un fS = 1×10^{-15} Segundos). Las técnicas de estudio son, EMG ~ ElectroMioGrafía, TEP ~ Tomografía por Emisión de Positrones, RMf ~ Resonancia Magnética Funcional, MEG y EEG ~ Magnetoencefalografía y Mapeo Electroencefalográfico, ImOp ~ Imágenes Opticas, PES ~ Potenciales Evocados Sensoriales, incluidos los relacionados con eventos y señales ópticas (EROS, *Event Related Optical Signal*), LES ~ Lesiones y Microlesiones (ML), TFV ~ Técnicas biofísicas de Fijación de Voltaje, que incluye la configuración de *patch-clamp*, NBM ~ todas las herramientas de la biología molecular y sus aplicaciones, al igual que Fap ~ Procedimientos Farmacológicos, fundamentales en neurobiología celular incluidas Proteínas que influyen en complejos mecanismos de orden intraneuronal y molecular (A partir de Churchland PS, 2003).

NEUROBIOLOGIA DEL INTELECTO

Por otro lado, aunque se dice que en neurociencias todas las técnicas son complementos de otras, la neurobioquímica y sus estrategias experimentales serán muy diferentes de la biofísica y de la neurobiología molecular.

La integración macrofisiológica del sistema nervioso, estudia los mecanismos neurales de la percepción sensorial o los fenómenos cognitivos (neuropsicología cognitiva), para ello, utiliza tácticas diferentes para abordar las diversas hipótesis que fundamentan sus múltiples investigaciones.

La manera como el cerebro procesa su información es por medio de la interacción sináptica entre neuronas. Es muy difícil que una sola neurona, pese a su gran maquinaria genética y molecular, siga siendo *per secula seculorum* la unidad por antonomasia del sistema nervioso (*Cfr.* Libro Tercero, *La ultraneurona: el paradigma de la especificidad*).

La integración de la información en neurociencias debe entenderse bajo los preceptos de comunicación entre redes neuronales.

La reciprocidad con el mundo externo para lograr la eficiente traducción de complejas tareas sensoriomotoras y cognitivas a partir de unidades biológicas, se comprende pragmáticamente por medio de la interacción de complejos modulares distribuidos a modo de columnas -tal y como lo describieron originalmente Vernon B. Mountcastle y en forma independiente Janos Szentagothai-, las cuales están dispuestas por toda la estructura cerebral organizándose según su extensión en mini o macrocolumnas, pudiendo tener especificidad cortical o subcortical (Jones, 2000, Molnár & Pollen 2014) con neuronas especializadas que fomentan la comunicación inter e intracolumnar modulando el resultado de una red en forma inhibitoria o excitatoria (De Felipe, 2002).

Actualmente hay un consenso que se basa en el funcionamiento de estas columnas para que por medio de las alternativas que brindan las infinitas probabilidades de comunicación entre neuronas, pueda comprenderse con más objetividad y exactitud, bajo el rigor de procedimientos matemáticos; la forma intrínseca y global del procesamiento de las funciones cerebrales superiores (*Cfr.* Libro Doce y Apéndice Y).

Para finalizar, el campo de las neurociencias deja el espacio abierto y es socorrida por la tecnología, no sólo en el ámbito genético-molecular, sino también en el demandado campo de la neurocomputación y de las redes neuronales, que nos acercan al universo de las neuroprótesis, aparatos biónicos manejados por primates, y modelos de retroalimentación y aprendizaje motor en roedores, abriendo la perspectiva, a un plazo muy corto, de perfeccionar los paradigmas robóticos que buscan la optimización humana, principalmente en las últimas seis décadas (Cohen & Nicolelis, 2004, Dominey, 2013). En esta interesante rama, los modelos neuronales son el fundamento que logra explicar en términos vanguardistas los mecanismos más complejos de la función cerebral, tanto en sus procedimientos de fondo y forma, como en el sustento matemático y algorítmico de eventos de sensopercepción, cualquiera que sea su modalidad (Urgen et al, 2013). La consideración de la neurobiología computacional en este campo, involucra el

Las neurociencias computacionales son un instrumento muy útil para comprender la integración de las funciones cerebrales superiores.

develamiento del problema neurobiológico más candente de la actualidad -cuyo objetivo parece ser la meta a resolver en los próximos años-, la comprensión de la emergencia de la conciencia y toda la fenomenología que se ve inmiscuida, incluso entre primera y tercera persona (Dominey, 2013). Aquí, se consideran los dispositivos emplazados en la transferencia de la información, así como los sistemas de acoplamiento y sincronía neuronal, que resultan ser parte ineludible para ponderar la probabilidad de emergencia conciencial en las máquinas.

El abordaje y las claves de acceso para comprender el ensamblaje de la maquinaria conciencial en sistemas no orgánicos, actualmente se debate en aspectos fundamentales tan esenciales como la neuroepistemología y la comprensión objetiva de un modelo computacional que sea acorde a las estrategias que brinda la apasionante disciplina que compete al modelaje coherente de las redes neuronales, tratando de dilucidar el problema mente-redes neuronales que es parte del dilema neuroepistemológico entre el hombre y la máquina (Zambrano, 2012, Dominey, 2013).

> Una preocupación de los neurocientíficos y filósofos de la mente, es dilucidar si las máquinas tienen conciencia.

1.2 ESTADISTICAS NEURONALES**

Producción celular durante la gestación	2,491 x 10^{-1} millones de neuronas por minuto	(250 mil x 60 x 24 x 280) (Aprox. 4133.6 x seg)[1].

---

[1] Los eventos apoptóticos reducen la cifra a la mitad. La tasa de proliferación celular/min se eleva en el período embrionario (aprox. Se producen 3200 millones de neuronas diarias, en sólo 9 semanas, de las cuales son eliminadas el 50%). Entre la 5 y 11 semana de gestación el embrión crece entre el 500 y 600 % (Aprox. 1.5 cm a 8-9 cm, cuando la cabeza sigue siendo proporcionalmente más grande que el resto del cuerpo). Posiblemente ésta

Área total de la Corteza cerebral	$2.6\ m^2$	con un grosor de 3-4 mm
Densidad Cortical	28×10^9 Neuronas (n)	Cifra similar a la de Neuroglia
Número de Neuronas por columna	50 y 80	En primates, 80-100 / minicolumna
Conectividad en neuronas corticales	10^{12} Probs. de contacto	Estimación global
Conectividad en neuronas motoras	10.000 contactos por unidad	De ellas, 2000 sinapsis en Soma
Soma de Motoneurona	20 y 70 μm	Dendrita promedio 0.5 μm
Neurona de Purkině	80-120 μm	
Capacidad Conectiva Sináptica en Neuronas Corticales	6.000 y 13.000 Sinapsis por Neurona	Con un promedio de 10 mil sinapsis, se estiman 1×10^9 (n).
Número de sinapsis por neurona, en diversas capas corticales humanas.	103.071	Capa I
	16.894	Capa II
	37.009	Capa III a
	57.217	Capa III b
	16.186	Capa IV
	30.367	Capa V
	28.293	Capa VI
Capacidad Sináptica, Purkině.	Alrededor de 200 mil por unidad	Conectividad global 10^{12} (n).
Interacción Intracerebelosa	26 mil fibras trepadoras	Por cada célula de Purkině
Capacidad Receptiva	100 mil fibras paralelas	Por Axón de Neurona en Complejo Olivar Inferior

"explosión celular" es aplicable también a las neuronas, incluidas las estirpes cerebelares, lo que incrementaría considerablemente la tasa de producción celular/min 10 veces más

NEUROBIOLOGIA DEL INTELECTO

Relación Granulares vs Purkině	202,77 granulares x 1 Purkině	
Propagación del Impulso Eléctrico	Velocidad de 100-130 m/seg	(Viaja a más de 470 kph)
Voltaje en tal impulso	110 mv	Registro biofísico promedio
Alcance de conducción eléctrica	Entre 100 μm y más de 1 m	Neuronas Motoras
Nódulos de Ranvier (promedio)	Entre 670 y 1000	Por fibra en SNP
Intensidad de Corriente	De $(1 \times 10^{-15}$ Amp) a $(1 \times 10^{12}$ Amp)	Femtoamperios a Picoamperios
Potencial Eléctrico Global	Genera 14 Watts (Cifra Basal).	Por 1630 gr de tejido cerebral
Distancia entre sinapsis eléctricas	< 3.5 nm	*Gap Junctions*
Diámetro de vesículas sinápticas	50 nm	Promedio en Zona Activa
Neuro transmisores Liberados	5.000 x Paquete Cuántico	*x* eventos / ms, por vesícula
Tasa de transferencia Iónica Trans Membranal	10 millones de iones / seg.	Cálculo en un espacio membranal *standard* con variedad de canales
Densidad de Canales de Sodio	35 a 500 x μm^2	En axones no mielinizados
Neuronas que regulan el sueño	20.000 en N. Supra Quiasmát.	Activas también en vigilia
Sinapto génesis post-aprendizaje asociativo	Incremento de botones sinápticos. (de 106 a 1100-1135)	Cifra en *striatum radiatum de CA1.* (en otras áreas, es 18 veces mayor).

Procesamiento del color	30 – 100 ms	Imagen en 20 ms. 50 imag / seg.
Procesamiento del sonido	10-12 ms	80-100 *quantums* sensoriales x seg
Toma de Decisiones	120 - 160 ms	Integración CPF – COF

** Los datos incluidos en esta tabla, se precisan en los próximos tomos.

1.3 LA INSACIABLE CURIOSIDAD Y ALGO DE AZAR

Sin caer en *praxis* revisionistas que no vienen al caso, una característica que didácticamente explicaría la relevancia de la investigación en cerebro, dentro nuestras actividades cotidianas, es precisar que en cada estudioso, existe un gen de búsqueda e inquietud aún no descubierto por la ciencia, que mueve al individuo a resolver sus constantes cuestionamientos. Con frecuencia, tales interrogantes son resueltos de manera anecdótica y serendipítica.

Mucho antes de que los filósofos actuales y los mismos neurocientíficos, un poco más avezados en considerar la inteligencia como cualidad prospectiva del pensamiento, existieron personajes de la historia que no sólo se cuestionaban sobre la existencia del alma y el espíritu como parte de un primordio de conciencia dentro del cerebro, sino que hubo quien se atrevió a citar, hace más de 23 siglos, que la generación del intelecto residía en alguna porción alojada en la cabeza[2].

Los anatomistas antiguos eran realmente visionarios, y concluyentemente temerarios en sus acepciones. Por

Las primeras descripciones sobre el cerebro, evidencian la necesidad del individuo por conocer su propio interior, tratando de justificar su existencia.

---

[2] Herófilo, considerado el padre de la anatomía antes de la era cristiana, creía que los ventrículos eran el sillar de la inteligencia humana.

ejemplo, Erasistrato de Kios es concebido como el primero en declarar públicamente el evento anatómico de las divisiones cerebrales, adelantándose cuando menos a los frenólogos, una veintena de siglos. Galeno, un poco más centrado, escribió 500 años después el primer documento que versaba únicamente sobre el cerebro[3].

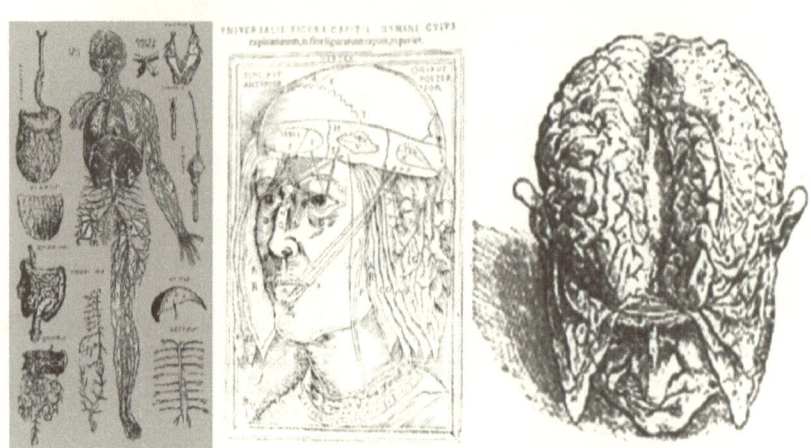

Fig. 1.4 Tres dibujos de Andreas Vesalio, quien con su *«De Humanis Corpore Fabrica»*, publicada en 1543, ya evidenciaba un gran acercamiento a las estructuras anatómicas encefálicas, flujo sanguíneo cerebral y nervios periféricos. Al centro, la *"Figura Universal del Vertex"*, destacando tres divisiones encefálicas y el nombre de occipucio para su parte posterior. A la derecha, demostrando la pureza de sus vanguardistas métodos de disección. La mayoría de los originales de estos esquemas de disección fueron destruidos en 1943, durante los bombardeos a Munich en la Segunda Guerra Mundial.

Durante el medioevo, ciertamente la neurobiología se reducía a los avances de la neuroanatomía un poco más operativa. Vesalio, uno de los dibujantes más

---

[3] La lectura de Galeno (*"Sobre el cerebro"*) data del año 177 d.C.

perfectos que dio esta época, dejó entrever en su "*Fábrica del cuerpo humano*" una de las obras más hermosas en la historia de la anatomía, a mediados del siglo XVI. En esa misma contemporaneidad, cuando los italianos tenían el poder del conocimiento sublimado en la pintura subvencionada por grandes mecenas, el destacado Niccolo Massa describe el líquido céfalo-raquídeo, y A. Piccollini localiza por primera vez una *"sustancial"* diferencia entre materia gris y sustancia blanca hacia 1586.

En años posteriores, se nota claramente que los anatomistas se vuelven cada vez más funcionalistas. Por ejemplo, Francesco Silvio, en 1663, describe la cisura que lleva su nombre, y así divide el cerebro por lo menos en dos partes.

De esta forma, y ya que el dibujo no era considerado como un todo, surge el primer neuropatólogo, en la personalidad de Raymond Vieussens, quien publica "*Neurographia Universalis*" en 1684. Vieussens solía calentar la grasa tisular para endurecer algunas estructuras cerebrales.

Los trabajos clásicos en neurobiología, son descripciones experimentales basadas en la observación y la comparación de resultados experienciales

Siguiendo esta línea, Domenico Mistichelli, a principios del siglo XVIII, describe por primera vez la decusación piramidal, un principio fundamental del procesamiento sensoriomotor en la integración anatómica de la médula y el encéfalo. Apenas ocho años después, Anthony Van Leewenhoek describe que tal decusación tiene un sustrato fibroso; mientras que, casi al final de ese siglo, Felix Vicq d'Azyr, el mismo que distingue el fascículo mamilo-talámico importante para el procesamiento emocional, describe un área enclavada en el puente, a la que bautiza como el *locus ceruleus* (Finger, 1994; Clarke & O'Malley, 1968)

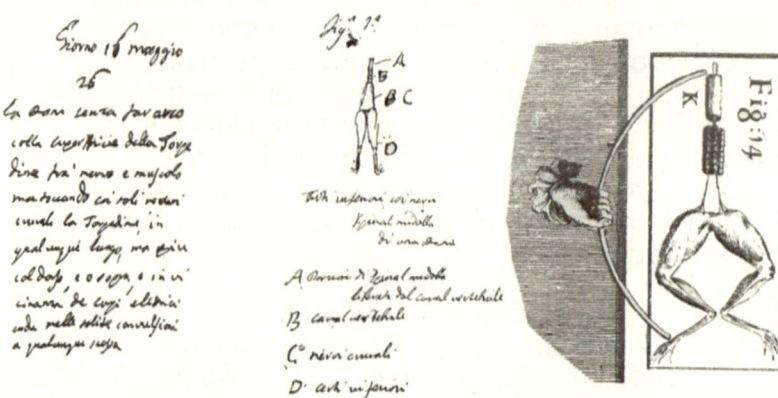

Fig 1.5 Metodología Experimental seguida para inferir la naturaleza eléctrica en el sistema nervioso. Arriba, manuscrito experimental de Galvani, 1795. La nota dice: «*Giorno 16 maggio, 26. La rana senza far arco colla superficie della torpedine fra nervo e muscolo ma toccando coi soli nervi crurali la torpedina, in qualunque luogo, ma piu coldorso, e sopra, o in vicinanza di corpi elettrici cade nelle solite convulsioni a qualunque scossa...*». A la derecha un dibujo extractado de las notas de Galvani en los archivos de la academia de ciencias de Bolonia; ilustrando una de sus más frecuentes preparaciones. En ella exhibe el nervio crural (c), y su conexión a columna vertebral (b) hasta llegar a médula espinal (a). En el recuadro (extremo derecho), un dibujo de la reconocida publicación original de 1791.

Bajo estos preceptos, la hegemonía franco-italiana en la investigación de ese tiempo se torna aún más fisiológica, encontrando en los diferentes objetos de estudio modelos importantes para hacer énfasis y escuela dentro de la neurobiología. Es así que, accidentalmente, un alumno del profesor

Luigi Galvani modifica las condiciones neuromusculares de las ranas utilizadas en sus clases de anatomía, y re-observando que dichas reacciones eran proporcionales a una determinada descarga; el médico de Bolonia - tras enaltecer el bendito accidente de su inquieto aprendiz -, publica un interesante artículo que estimula a las escuelas posteriores a realizar experimentos conducentes a la comprensión de los fenómenos neuroquímicos y neuroeléctricos en las vías nerviosas, siguiendo los cánones del reporte y la experimentación.

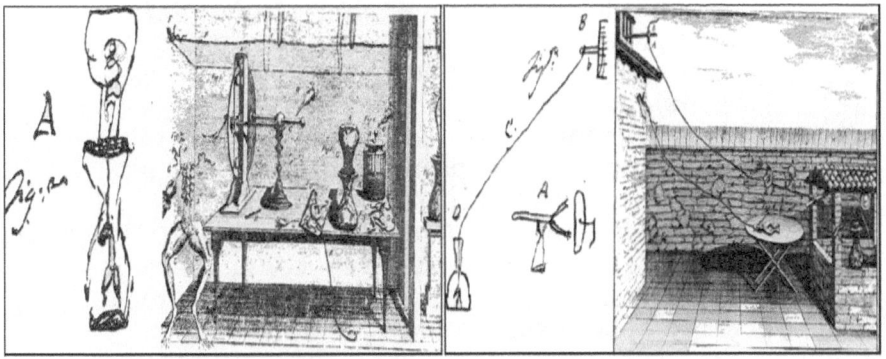

Aquí, un experimento fechado en diciembre 10 de 1781 *(memorie ed esperimenti inediti)* y a la derecha, la forma como se captaba la electricidad atmosférica para estimular el músculo de la rana a través de un hilo conductor de hierro, que eventualmente pudo registrarse con posterioridad al experimento original (diciembre 16 de 1781); durante una tormenta (Modificado de Brazier, 1984).

Después, en 1809, Luigi Rolando, utilizando la ya conocida corriente galvánica, estimula regiones corticales, infiriendo que existen zonas que recubren el cerebro con diferencia de corriente y respuesta ante estímulos heterogéneos.

Durante el siglo XIX, trascendió el notable aporte de los principios físico-químicos de la escuela alemana, junto con las teorías frenológicas provenientes de los Ardennes y de las riberas del Sena, que muy temprano hicieron su aparición, para identificar los probables sitios en el cerebro que tuvieran correlación con las funciones mentales ejecutivas del hombre.

En la frenología, destacan inicialmente Franz J. Gall y Johann G. Spurzheim (*Cfr. Libro cuarto*). Sus aportes, orientados a justificar de alguna manera los correlatos anatómicos con las tareas de alto orden del encéfalo, eran por supuesto de índole cognitivo y comportamental, y muchas de sus localizaciones se sustentaban en la necesidad de comprender las reacciones naturales del hombre, como si todo existiese dentro de lo que, en ese tiempo, los científicos consideraban como parte de la filosofía misma, ya que la psicología era contemplada como una rama afín al territorio del pensamiento filosófico (Luria, 1977).

Los primeros estudios sobre la relación entre las manifestaciones mentales y su correspondiente localización cerebral, dieron origen a la escuela de la frenología.

Dentro de la psicología cognitiva, el primer suceso mencionado en los registros históricos de las neurociencias -que data de hace 6000 años[4]- fue conductual, y además integrativo, implicando al sensorio neuronal del hombre con el medio y sus efectos internos, incluso en la amplificación de los

---

[4] En la cultura sumeria se acostumbraba relatar las experiencias eufóricas que sobrevenían a los ritos en los que era muy socorrido el hábito de experimentar con amapola, la planta enervante precursora de la heroína.

estados de conciencia (Kramrisch *et al*, 1986; Finger, 1994).

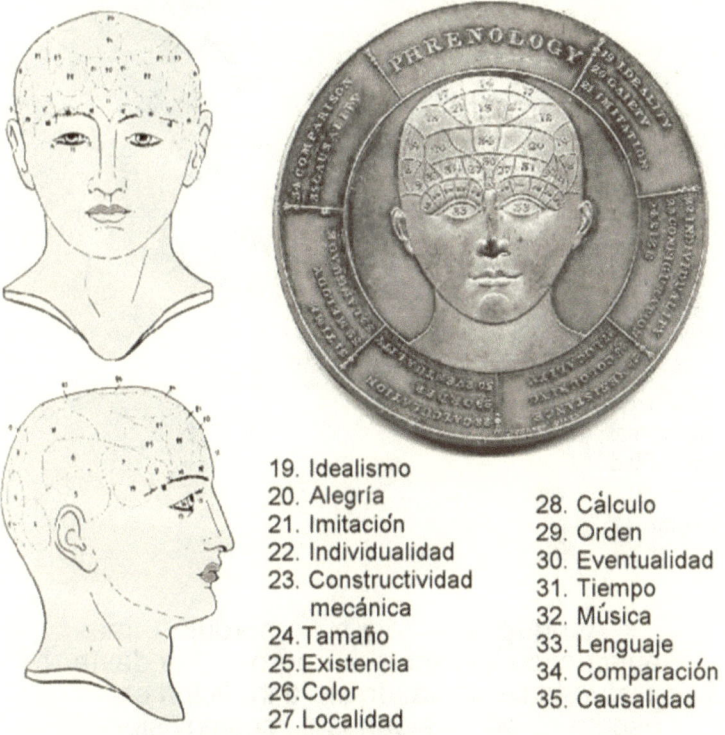

19. Idealismo
20. Alegría
21. Imitación
22. Individualidad
23. Constructividad mecánica
24. Tamaño
25. Existencia
26. Color
27. Localidad

28. Cálculo
29. Orden
30. Eventualidad
31. Tiempo
32. Música
33. Lenguaje
34. Comparación
35. Causalidad

Figura 1.6 Las diferentes localizaciones cerebrales. Para la frenología clásica existían sólo 8 regiones que diferenciaban al hombre de los animales. Estas eran, *Erhabenheit* la sublimidad o sabiduría; *Spiritualitat*, el sentido de la metafísica; *Tatkraft*, el sentido de la sátira escudado en el buen ánimo; *Sprachvermögen*, el talento poético y cultivo de la retórica; *Hilfsbereitschaft*, la benevolencia y compasión; *Nachahmung*, la facultad para imitar histriónicamente; *Hoffnung*, la esperanza incluida en seres superiores y *Standhaftigkeit*, el propósito de firmeza. El resto de las áreas mostradas incluso en medallas conmemorativas, incluidas la constructividad mecánica o el cálculo, son parte de los impulsos que el hombre comparte con el animal (ver Fig. 4.2 y también portada del tomo IV: «*Algunas disquisiciones sobre la Frenología y la Topografía Cortical*» (A partir de Ackerkneckt & Vallois, 1956).

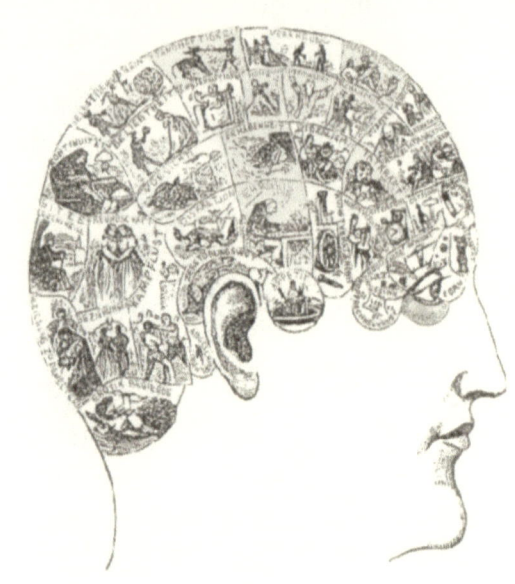

Fig. 1.6-B. La frenología clásica de Gall y Spurzheim, revelaba los primeros intentos por categorizar la localización funcional de la actividad cortical (ver Tomo 4).

Aunque con un abordaje más anecdótico-literario, pero todavía profundamente válido en la tradición oral y escrita de algunas cosmovisiones culturales, se podría teorizar que el antecedente, debidamente documentado y fielmente traducido hasta nuestros días, se encuentra 'escudado en el símbolo del fruto prohibido', en la signología de los opiáceos u otros estimulantes psicotrópicos que obviamente existían en el paraíso terrenal, y que fueron experimentados, bajo el influjo de la curiosidad, la ambición y la codicia, por una pareja de humanos[5] (ver *Ehrgeiz* -

---

[5] En el texto hebreo clásico, *Atham y Eva* tienen la fonética que significa hombre y mujer respectivamente. El dueño del Edén les había dicho que no probaran la fruta del árbol en el centro del jardín, porque con él tendrían otras percepciones; así se dieron cuenta de que andaban desnudos (*Génesis, Cap. III. Sagradas Escrituras*).

sombreado en la figura 1.6-B, entre los 19 impulsos animales que clasificaron originalmente Gall y Spurzheim). Este carácter de la condición humana también es aplicable en la historia de la Nueva España[6]

Durante la segunda mitad del siglo XIX, la capacidad de investigación fue asombrosamente distinguida. Los alemanes y su respetable sociedad científica, que contaba entre sus filas a Carl Ludwig, pionero de la física alemana, Hermann Von Helmholtz, Emil Du Bois-Reymond, Jacques Loeb, Ernst Bruck, Adolph Fick, entre otros, facilitaron las contribuciones de Gibbs y Donnan sobre el movimiento de partículas entre diferentes compartimentos, además del nacimiento de las teorías de la física cuántica, propuestas por Max Planck, con las que se dio una interesante muestra de la potencialidad que, con ese ritmo, idealmente debería ser desarrollada la ciencia del siglo venidero.

La escuela de científica alemana del siglo XIX, hizo grandes aportaciones a la neurobiología, principalmente en biofísica y fisiología del sistema nervioso.

Un poco más centrados en la neurofisiología, pero con iguales obras monumentales, Broca y Wernicke concretaban ciertas localizaciones importantes que ahora son parte de estudios muy complejos, constituyendo los primordios de modelos concienciales de origen semántico (*Cfr.* en parte IV: "Hablando se entiende la Gente") y que, en ese tiempo, sirvieron para comprender de alguna manera la diferencia entre primates evolucionados y otras especies,

---

[6] "El Dorado", ese obscuro objeto del deseo que tan obsesivamente esperaron hallar los conquistadores ibéricos, se encontró fortuitamente en las experiencias enteógenas que brinda la etnobotánica amazónica. (*Cfr.* En Parte V: *Los Niveles de Percepción Extrasensorial*).

con respecto de la articulación de la palabra.

En esas mismas décadas, Edward Hitzig y Gustav Fritsch proponían sus adelantos en sistemas corticales e iniciaba la gestación de los fundamentos celulares del sistema nervioso con los trabajos descriptivos de la neurona, portentosamente elaborados por Santiago Ramón y Cajal.

En el área conductual, es conocido el tema de los Skinnerianos, a cargo de Burhus Skinner, pero aún es más general la teoría del condicionamiento clásico de Ivan Petrovich Pavlov, quien de forma circunstancial infirió tal modelo de conducta con caninos que, al escuchar el sonido de las campanas a determinada hora, presentaban reacciones vagales y agitación motora, lo que le valió presentarse en Karolinska en 1904 (Pavlov, 1904).

Una preocupación constante de los investigadores durante el siglo pasado, obedecía a encontrar un sitio exacto para la memoria, lo que fue conocido en su tiempo como *"engrama"*.

Los trabajos en neuropsicología buscaban igualmente la senda de lo que actualmente conforma el gran sustrato de las Neurociencias Cognitivas. Las inferencias de Karl S. Lashley sobre los principios de masa y la incesante búsqueda de su *Engrama* para la memoria coincidieron con los trabajos de Walter Cannon y Phillip Bard para identificar las estructuras más importantes que mediaban las emociones. Frente a tales adelantos, y a la sombra de la propuesta del circuito emocional de Papez, que involucraba estructuras como regiones parahipocampales y los cuerpos mamilares, Mc Lean describe, hacia 1945, un sistema emocional a partir de un principio denominado el "cerebro triuno", y surge en la literatura el concepto de

Sistema Límbico como el complejo estructural encargado del procesamiento emocional y afectivo del individuo (Marshall & Magoun, 1998). El clímax de esta gran maratón de contribuciones en tan fecundo campo fue apuntalado, sin duda alguna, por Donald Hebb, quien reconoció la importancia de la comunicación neuronal, no sólo en lo tocante a los procesos ya revisados por Sherrington a principios de siglo, sino también al inferir los mecanismos sistémicos de interacción nerviosa asociados a funciones cognitivas en su libro sobre las teorías neuropsicológicas que determinaban la organización de la conducta (Hebb, 1949).

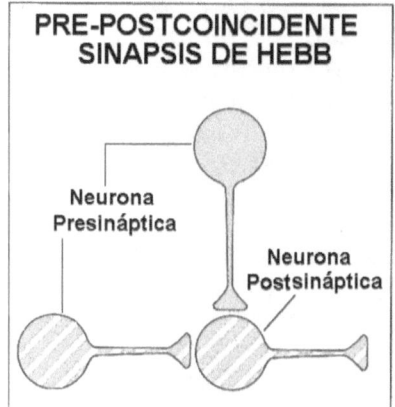 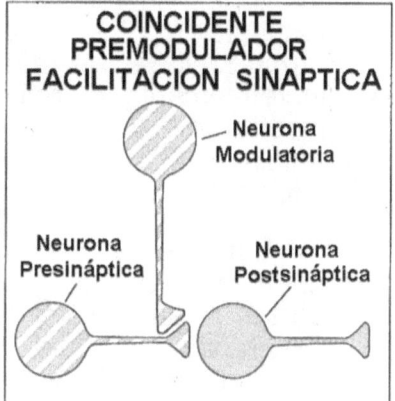

Fig 1.7 Los factores pre y post-coincidentes en la comunicación neuronal. En A, El fortalecimiento sináptico durante el aprendizaje en términos hebbianos, se debe a dos contingencias temporales. La actividad coincidente, tanto en la neurona presináptica como en la postsináptica, es crítica para robustecer la conexión entre ellas. En B, el modelo en el caracol *aplysia californica*, establece que la presinapsis puede ser fortalecida antes de su conexión postsináptica por un factor "coincidente modulador" generado por una tercera neurona, constituyendo la facilitación presináptica que sustenta las teorías del condicionamiento en memoria y aprendizaje. Las bandas indican las neuronas cuya actividad coincidente puede ocurrir ocasionando un cambio asociativo (Modificado de Kandel & Hawkins, 1992).

NEUROBIOLOGIA DEL INTELECTO

Ladislav Tauc, que para 1963 trabajaba en el instituto *Marey* de París, propuso, junto con Eric Kandel, un modelo de estudio para descifrar los enigmas del aprendizaje asociativo en el sistema nervioso de un tipo de caracol marino, el *Aplysia californica*.

Gracias al fortalecimiento sináptico constante y la retro alimentación de la información, hoy se pueden entender los mecanismos intrínsecos que generan la memoria, desde un punto de vista neuronal y molecular.

Durante sus investigaciones, estos pioneros infirieron que las conexiones sinápticas entre dos neuronas podrían verse fortalecidas por la acción de una tercera neurona, a la que decidieron llamar neurona moduladora (Kandel & Tauc, 1964). Como resultado de la urgente necesidad por comprender la diversidad de los sistemas de las memorias relacionadas con la habituación, se estudiaron varias organizaciones de reflejos en animales, e increíblemente los animales invertebrados mostraron un excelente aprendizaje reflexivo (*Cfr.* Parte IV: "Aplicaciones de alto orden").

Este es un punto estratégico en la neurobiología, ya que de allí partieron perspectivas orientadas hacia la generación de terminaciones comunicantes especializadas por fortalecimiento sináptico, la comprensión de mecanismos moleculares que aún se estudian arduamente para comprender los determinantes de la facilitación sináptica en los modelos de memoria, los reguladores de supervivencia y muerte neuronal (Diederich, 2003), lo que confluye en el conjunto de la neurogénesis y la plasticidad sináptica (Zeigler & Marler, 2004), un área de gran índice de debatidos reportes y publicaciones científicas, que incluye por supuesto, la inducción del LTP, el modelo electrofisiológico y molecular que determina la memoria a largo plazo (Malenka & Bauer, 2004). Los enfoques reduccionistas para estos mecanismos en la neurociencia fueron orientados a la representación del nivel celular en los diversos tipos de procesamiento de aprendizaje y memoria, en los que hoy resultaría inaceptable no reconocer que la importancia en el desarrollo de su comprensión se debe en gran medida a la biología molecular aplicada, sobre todo al plegamiento de proteínas y al análisis comportamental de los promotores de respuesta genética (Kandel, 2001, 2012), obtenidos también por mutagénesis dirigida, una de las herramientas útiles para elucidar las bases genéticas y moleculares asociadas a los mecanismos de recuperación y archivo de datos memorables.

De ésta forma, las teorías conexionistas advertidas desde Cajal, referentes a la unipolaridad neuronal que requerían de la comunicación de sus ramificaciones para el paso de información, y las posteriores, que implican el clásico modelo Hebbiano de la pre y la postcoincidencia sináptica (Kandel & Hawkins, 1992), son el principio de una serie de elucubraciones que llevaron a comprender de alguna manera las teorías del condicionamiento y la habituación en invertebrados a los que se sometieron las primeras estrategias experimentales en los modelos de memoria, especialmente en el tipo *Aplysia* (ver Fig. 1.7).

La modulación en las coincidencias sinápticas, determina la ejecución eficiente de las tareas cognitivas.

Junto con los modelos moleculares de memoria y aprendizaje, estos mecanismos actualmente son fundamentales en la comprensión de otros fenómenos de carácter social, el móvil de estudio en los eventos que condicionan el abuso de drogas, los procesos motivacionales de los sistemas de retribución cerebrales y, en general, todo lo que esté asociado con las bases moleculares de la adicción, que tienen una gran relevancia en la composición operativa de la sociedad actual y en los fenómenos de conciencia ética y moral del individuo (*Cfr.* Parte V, *Niveles de conciencia y cognición* y *Apéndice X*).

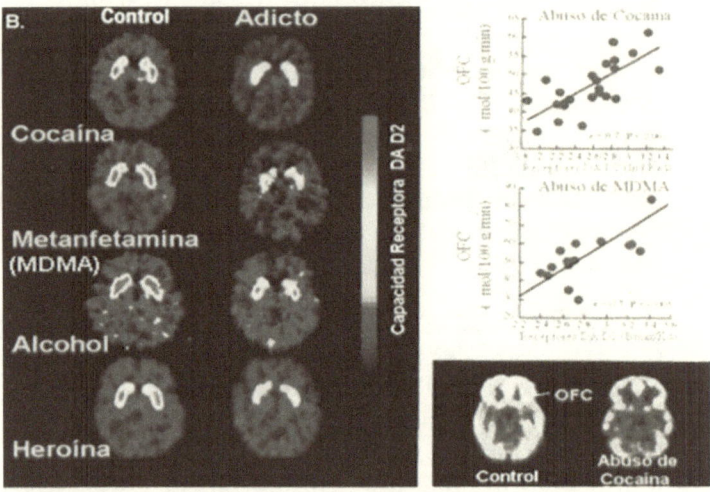

Fig. 1.8 Respuesta de los más sensibles receptores dopaminérgicos a algunas de las más comunes sustancias adictivas. La actividad dopaminérgica del Núcleo Accumbens y de la amígdala sublenticular en el sistema mesolímbico, explica los llamados "mecanismos de recompensa" asociados con la vulnerabilidad a las adicciones (Tomado de Volkow & Wise, 2005).

1.4 EL CEREBRO TIENE SUS PROPIOS CONTROLES

De esa manera, parece existir un centro estratégico donde la neurobiología actual trata de entender los mecanismos mediante los cuales el individuo busca su propia recompensa frente a muchas de sus actividades cotidianas, tan simples como la ingesta de alimentos (Volkow et al, 2013), que sin control, es todo un paradigma para entender los mecanismos de vulnerabilidad a las adicciones.

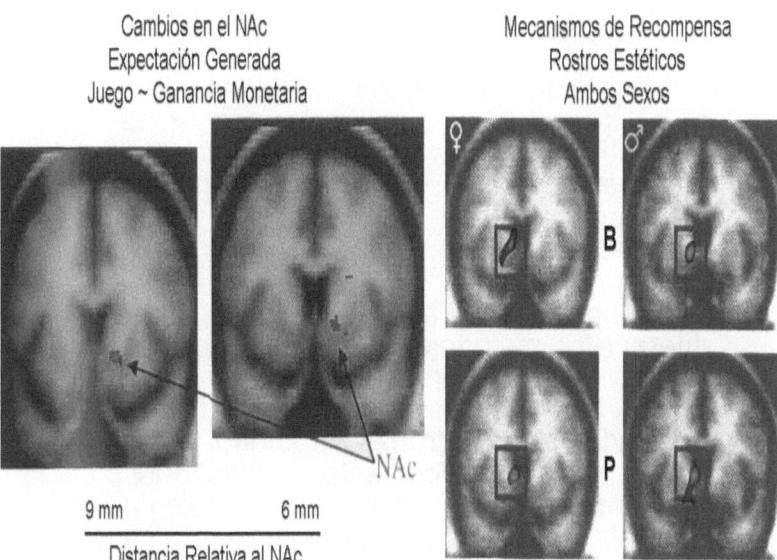

Fig. 1.8-B. Estudios de Neuroimagen que evidencian la actividad de los mecanismos de retribución en el humano. A). Activación del núcleo accumbens (Nac), durante lapsos de expectación en los eventos de |recompensa y pérdida monetaria (Modificado de Breiter et al, 2001). A la derecha, estos mecanismos cerebrales pueden ser activados también en la búsqueda de patrones de belleza, especialmente en la amígdala sublenticular y el Nac. En el experimento, 15 masculinos heterosexuales calificaron rostros bellamente estéticos (B) tanto femeninos (signo amarillo), como masculinos (azul). Abajo, la reacción de las estructuras mesolímbicas cuando califican rostros promedio (P). Apréciense las relaciones de intensidad disminuida, catalogando Hombres B y Mujeres P; así como el incremento de actividad cuando se identifican reconociendo Mujeres B, Hombres P (Modificado de Aharon et al, 2001).

La ciencia estudia estos mecanismos desde muchas perspectivas. Así, algunos eventos considerados cotidianos, como la búsqueda de armonía en los patrones de belleza físicos de la pareja, o del mismo ambiente natural, tienen cabida en un punto estratégico del cerebro impregnado de dopamina (Kawabata & Zeki, 2004).

Por tanto, actividades cotidianas como el hábito del tabaquismo o la ingesta de alcohol, reciben controles de retribución a los estados de ánimo en regiones mesolímbicas (Cfr. Apéndice X, *Sexcualidad y Cerebro*).

Aunque se ha investigado por diferente metodología, que incluye actualmente la contribución de algunos genes en la asignación de tareas asociadas a los patrones de sueño, éstos han sido clásicamente estudiados mediante el apoyo de la electrofisiología cortical y la polisomnografía. La plataforma farmacológica del sueño es, sin duda, un significativo pivote para profundizar la extrapolación del comportamiento bioquímico de la esfera cerebral, y suele estar muy ligada con algunas perspectivas vanguardistas asociadas con los estados alterados de la conciencia (Hobson, 2001).

Una de las áreas de investigación que, sin duda, forma parte esencial de la fisiología del control cerebral y de sus interacciones con la vida cotidiana del individuo se relaciona con la Cronobiología, dedicada de lleno a analizar los patrones de comportamiento íntimamente asociados con los ritmos circadianos y las sustancias del sueño, entre las que destacan importantemente la melatonina y la serotonina, además de la gran participación de los núcleos del

Los mecanismos del sueño y otros dispositivos que se establecen en el mesencéfalo, compensan sensibles procesos mentales relacionados con la imaginación, la creatividad y la consolidación de la memoria.

rafé y, en general, todo lo que compete al Sistema Reticular Activador Ascendente (Hobson, 2001).

A este respecto, vale la pena realizar interesantes planteamientos sobre la importancia de estructurar bases realmente sustentables que conlleven a la comprensión tangible de la discriminación entre los estados básicos de la conciencia y otros estados mentales que suelen asociarse con patologías psiquiátricas, fenomenologías adictivas, o estados propios que pueden modificarse bajo algunas disciplinas atribuidas a un entrenamiento mental continuo (*Cfr.* Parte V, *Niveles de Conciencia y Cognición*).

Algunas condiciones clínicas interesantes pueden ser observadas a manera de puente entre la construcción de las ideas y la creatividad, como parte de resultados de alto procesamiento intelectual. Independientemente del hiperflujo dopaminérgico reinante en el sistema mesolímbico y en las estructuras cortico-corticales temporal y frontal, respecto a la generación de las ideas en personalidades ocurrentes; la epilepsia del lóbulo temporal puede asociarse con estados de hipergrafia: escribir incontenible y obsesivamente en cualquier superficie (paredes, pisos, piel, etc). En la demencia fronto-temporal se inquieta sensiblemente la expresión musical y artística; las afasias (*Cfr.* Parte IV), una distonía focal en el caso de pianistas pintores o escritores, el uso de estimulantes y los estados de ánimo psicoafectivos (ansiedad, hipomanía, depresión, psicosis) modifican igualmente el índice de creatividad (*Cfr.* Fig. 1.9). El pensamiento metafórico tendiente a exacerbar analogías y símiles del lenguaje

La creatividad está asociada a actividad dopaminérgica.

dentro del contexto de un procesamiento mental-audiovisual, la composición artística musical o expresiva y la estructuración de secuencias imaginarias con sonidos espacio-temporales (pensamiento metonímico), son característicos de este intercambio dopaminérgico entre áreas subcorticales mesolímbicas y la interacción entre redes neuronales corticofrontales y del lóbulo temporal (Flaherty, 2005).

Fig. 1.8.C. *"La construcción de las ideas".* Arriba: la creatividad en general, se debe primordialmente a la contribución dopaminérgica (Flecha roja), que objetivamente debe fluir del sistema mesolímbico (especialmente complejo parahipocampal-amigdalino y lóbulo temporal) hacia CPFDL, donde se integran tareas de alto valor cognitivo como la memoria de trabajo, el enfoque atencional y las tareas de planeación acompañadas de una óptima actividad premotora. Abajo, se evidencia la conexión corticotemporal hacia CPF. En el caso de la creatividad lingüística -pletórica de proyecciones dopaminérgicas-, al ser potencialmente bloqueada por patologías afásicas (Broca o de Wernicke), los niveles de

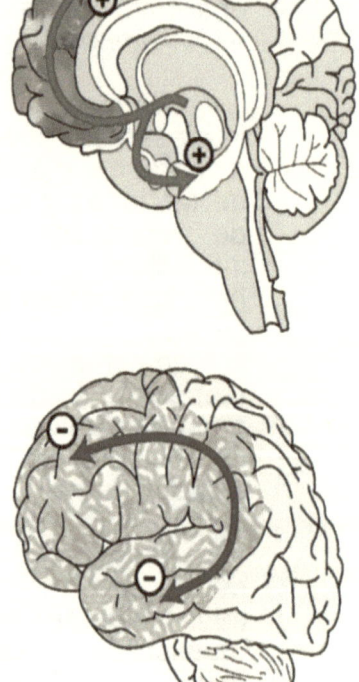

dopamina disminuyen, induciendo concomitantes estados depresivos (Flecha púrpura), donde se ejerce la actividad de otros neurotransmisores como serotonina (A partir de Flaherty, 2005).

La creatividad, la capacidad de razonar, la autocrítica ante los eventos que se presentan, son características humanas frente a las que la neuropsicología experimental aún mantiene una distancia, cuya comprensión se convierte en el reto de los próximos años, si es que la tecnología genética no nos absorbe y termina transmutándonos en individuos pluriconscientes.

La necesidad de cambio, y mejor: la *constante de cambio*, es determinada por un imperativo impostergable del individuo animal por intentar adaptarse a lo que se le presente, y se convierte *de facto;* en una tarjeta de identidad de la condición humana. Para bien o para mal, la neurobiología está en constante evolución, y la óptica nietzcheana de la genealogía de la moral podría pasar desapercibida si no se tiene el fundamento empírico de la experimentación y la comparación, cayendo en el aforismo de que el bien y el mal no existen, sólo se transforman.

MÒDULO 2

DE SUS HERRAMIENTAS EXPERIMENTALES

Gracias a sus descripciones en embriogénesis, desarrollo y diferenciación de un sistema nervioso, el obstinado Hans Spemann también fue reconocido por el comité Karolino, luego de utilizar en forma pionera experimentos evolutivos para su trabajo. En ellos considera la gastrulación como el sustrato básico para comprender la forma como finalmente se estructura un sistema celular complejo, a partir de un modelo pionero al que, junto con Hilde Mangold, denominó el «organizador»,

La neurobiología molecular brinda muchas respuestas exactas respecto al origen de cómo se estructura el pensamiento.

transplantando células del mesodermo embrionario al área ventral que primitivamente origina células de la piel, y obteniendo como resultado "mapas" de diferenciación en tejidos de la capa intermedia.

In the face of this sort of topographical map we are again confronted with the question whether there is a real diversity in these parts which corresponds to the pattern of the presumptive rudiments in the early gastrula; whether they are more or less predestined....

... or whether they are still indifferent and do not have their ultimate determination impressed on them until later (Spemann, 1935).

Pero quizá uno de los descubrimientos más importantes del siglo fueron los trabajos que se realizaron en embriones de pollo por Víctor Hamburger y Rita Levi-Montalcini (1948), que echaba por los suelos la teoría de la no regeneración neuronal del gran histólogo Santiago Ramón y Cajal. Sólo hasta muchos años después, uno de ellos, la doctora de Milán y Stanley Cohen, el biólogo molecular que sintetizó las neurotrofinas, o factores de crecimiento nervioso, fueron reconocidos por este importante avance (Fig. 1.9).

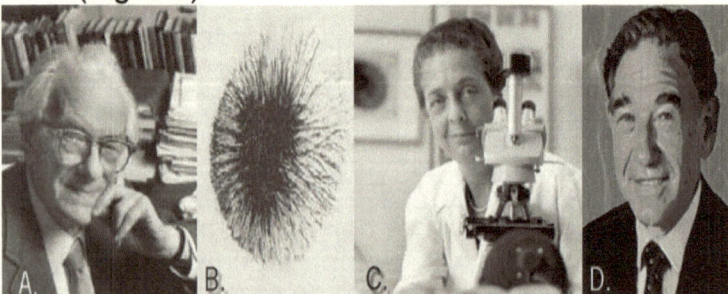

Fig 1.9 La historia humana, tras la regeneración neuronal. A la izquierda, Víctor Hamburger, investigador pionero en mecanismos de regeneración en sistema nervioso. En B, el Factor de Crecimiento Nervioso (NGF), descrito a mediados del siglo pasado junto con Rita Levi-Montalcini, posteriormente acreedora al Premio Nobel de Fisiología y Medicina, compartido con Stanley Cohen en 1986 (d), por su contribución en la obtención sintética de esta proteína.

En el área anatómica de la estructura cerebral y funcional, desde una perspectiva puramente evolutiva, grandes avances se han dado desde los tiempos de Harvey Cushing, a finales del siglo XIX. Durante su permanencia en *Caltech* (Instituto Tecnológico de California), como Profesor de psicobiología, y unos años después de haber finalizado su postdoctorado con Karl Lashley - considerado el padre de la neuropsicología -, Roger Wolcott Sperry fue reconocido por sus trabajos en pacientes epilépticos, a quienes, después de tratamientos ineficientes de todo tipo y con cuadros convulsivos de difícil control, ingresaba a quirófano para practicarles la comisurotomía en el cuerpo calloso como esperanza terapéutica. Basado en sus certidumbres experimentales con renacuajos tritones (Sperry, 1943), y otros vertebrados menores muy usados en Neurobiología del Desarrollo -disciplina donde contribuyó a esclarecer teorías sobre los mecanismos de la génesis sináptica en el sistema retino-tectal y el acomodamiento topográfico de los axones en fibras nerviosas de entrecruzamiento (Sperry 1963)-, pudo integrar felizmente uno de los tantos nexos entre la acción neuronal y los grandes tejidos del sistema nervioso, con fines neuroquirúrgicos en humanos (Sperry, 1968). Esta incursión en el análisis de las funciones discriminatorias de los hemisferios cerebrales, específicamente en lo referente a funciones cerebrales superiores, le valió recibir una condecoración con la efigie de Alfred Nobel, conferida por el venerable comité del Instituto Karolinska, de manos de los reyes de Suecia en diciembre de 1981.

Estudiando modelos de desarrollo neural en anfibios menores; se establecieron las bases para comprender el sustento evolutivo del entre cruzamiento de las fibras nerviosas, la función asimétrica de los hemisferios cerebrales y la realización de procedimientos neuro quirúrgicos como las callosotomías.

En 1936, Sir Henry Dale y Otto Loewi presentaron un primer acercamiento a la importancia de los neurotransmisores dentro del comportamiento humano. Tuvieron que pasar otros 34 años para que los trabajos en neurobioquímica fueran considerados de nueva cuenta para premiar, en esta ocasión, la importancia del calcio en la liberación de las sustancias químicas implicadas en la comunicación neuronal (Katz, 1970). Ese mismo año, el Nobel fue compartido por Bernard Katz con Ulf Von Euler, dadas sus contribuciones en los mecanismos de síntesis de adrenérgicos, y Jules Axelrod, quien trabajó específicamente con Noradrenalina.

"I have been asked on more than one occasion to explain the common denominator between the three of us who are sharing this year's award in physiology or medicine.
I think the answer is quite simple: the work of all three has a single source, namely the "discoveries relating to chemical transmission of nerve impulses"

for which Henry Dale and Otto Loewi received a previous award in 1936." [7]

En el área psicológica, y con un modelo neurológico, que tiene que ver con las ablaciones cerebrales, el lusitano Antonio Caetano de Abreu Freire Egas Moniz, ganó en 1949 el premio Nobel compartido con Walter Rudolf Hess por sus contribuciones en el área de la neuropsicología, y más específicamente

---

[7] *Cit. en: Bernard Katz, Nobel Lecture: On the Quantal mechanism of neural transmitter release, Diciembre 12 de 1970.*

en el adiestramiento neuroquirúrgico de la leucotomía (Moniz, AE, 1936). Aunque previamente un superintendente del Hospital Mental de Suiza, ya había avizorado la utilización del recurso neuroquirúrgico en el tratamiento de las psicosis, removiendo estratégicas zonas corticales postcentrales y parieto-temporales durante siete años, en una casuística de seis pacientes con trastornos mentales (Burckhardt, 1891); no fue sino hasta una década después cuando Louis Puusepp, durante su estancia en San Petersburgo, resecó de manera selectiva las primeras fibras parieto-frontales en pacientes con crisis maniaco-depresivas planteando la vanguardia de la psicocirugía, y el advenimiento de lo que Egas Moniz y su colega neurocirujano Almeida-Lima, llamarían más tarde Leucotomía Prefrontal, basados principalmente en los antecedentes de "Becky y Lucy", una pareja de chimpancés operados por John Fulton y Carlyle Jacobsen; y reportados en el segundo congreso internacional de Neurología en Londres, 1935.[8]

Antonio Egas Moniz (1874-1955), visionario de la encefalografía arterial y de la leucotomía prefrontal.

Aunque la propuesta real de Egas Moniz, más allá de perfeccionar los procedimientos de sus antecesores y aplicarlos en humanos, radica en la concepción de un dispositivo radiodiagnóstico como el de la angiografía cerebral, y mejor, de la encefalografía arterial como él la describió primeramente, la historia parece detenerlo en sus contribuciones neuroquirúrgicas y no en el

---

[8] La ablación prefrontal, en Becky especialmente, generó disfunciones cognitivas (no recordar en cuál de dos tazas había alimento), ocasionándole temperamentos violentos postquirúrgicos (Crawford MP *et al*, 1948).

NEUROBIOLOGIA DEL INTELECTO

concepto visionario de la prevención diagnóstica (Moniz, 1927; Swayze, 1995).

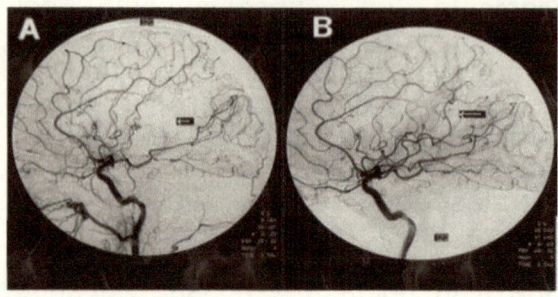

Fig 1.10 Angiografía Carotídea con apoyo de Rayos X y medio de contraste, que ha sido progresivamente reemplazada por técnicas no invasivas ligadas a la RMNf. Se trata de un procedimiento neurorradiológico para diagnosticar lesiones vasculares o implementar protocolos neuro-quirúrgicos. Nótese la obstrucción de la rama izquierda de la ACM, en su giro angular (flecha) y su reestablecimiento por medio de un microcatéter recanalizador (Modificado de Mena *et al*, 2000).

La neuroetología es la disciplina que ayuda a comprender el comportamiento comunitario de los animales, sus formas de comunicación y sus manifestaciones conductuales.

La neuroetología, una de las disciplinas más asombrosas de la biología contemporánea, es la forma como Konrad Lorenz pudo describir el lenguaje y la forma de comunicación de ciertos animales (*Conferencia Nóbel,* 1973). Basado en sus conceptos de la impronta, o la huella que sigue el lenguaje de ciertas aves, previamente discutidos con su profesor Otto Heinroth (Lorenz, 1935), los científicos piensan que efectivamente una forma de comunicación que garantiza el procesamiento evolutivo de la inteligencia en animales es la perfección de estos instintos dentro de un abordaje con metodología objetiva.

En el área de la biofísica, antes de la primera mitad del pasado siglo XX, se creaban nuevas tecnologías de

Konrad Lorenz, difusor de la *"impronta"* en una de sus fotos más expresivas.

investigación utilizando micropipetas de vidrio, que hacían las veces de electrodos con alta impedancia (Cole & Curtis, 1939). Esto generaba un problema de acoplamiento suscitado por la diferencia existente con los amplificadores de entrada de baja impedancia, útiles para la conversión de datos recogidos tras el registro que era enviado a través de la pipeta con una punta de más o menos una micra de diámetro, a la que se le diseñó un seguidor catódico, resolviendo así el comprometedor problema electrónico asociado a la adaptación y conducción de corriente.

El electrodo de vidrio fue ocupado por sustancias químicas conductoras, análogas a la fisiología de la célula, lo que permitía registrar potenciales de acción y de membrana; con el paso de los años tomaría gran relevancia. Con ella se incrementó el panorama de identificar todo tipo de neuronas y sus potenciales sinápticos, caracterizar comportamientos de comunicación neuronal con un notable rango de precisión, profundizar mecanismos iónicos propios de la interacción sináptica y sus transmisores implicados en comisiones de alto orden ejecutivo de acción central y en procesos de memoria, aprendizaje y codificación sensorial.

Los primeros estudios con electrodo intracelular, sirvieron para entender las bases iónicas del potencial de acción.

Las disciplinas biofísicas como herramientas de investigación también despegaban, basadas en la necesidad imprescindible de comprender los mecanismos de funcionamiento nervioso desde una perspectiva eminentemente electrofisológica. En 1932, Lord Edgar Douglas Adrian y Sir Charles Scott

Sherrington, fueron laureados por sus teorías de la función neurológica.

Entre los trabajos más revolucionarios del siglo XX, y quizá los que marcaron la pauta para seguir empleando tal metodología desde hace 70 años, se encuentran los de Allan Lloyd Hodgkin y Andrew Huxley, quienes plantearon las teorías elementales biofísicas del comportamiento de la membrana celular y el intercambio iónico entre el sodio y el potasio, asociados a la generación del potencial de acción.

Estos trabajos fueron realizados en el axón gigante de calamar, y se considera uno de los modelos neurobiológicos más fieles de reproducir, a pesar del paso del tiempo (*Cfr.* Libro 8, *De los Iones a la Membrana*)

Las células de Retzius son el modelo ideal de John Nichols, de la universidad de Basilea en Suiza, para estudiar los fenómenos de sinaptogénesis en Neurobiología del desarrollo. Estas células son tomadas de la vía nerviosa de la salamandra. El sagaz Platón Kostyuk, uno de los fisiólogos más sobresaliente de los últimos años tras la cortina de hierro, utiliza un molusco muy afín a la investigación, el caracol panteonero o de jardín *(Helix aspersa),* para escudriñar los enigmas que ofrece la neurona respecto a la regulación de su propio volumen celular (Kononenko & Kostyuk, 1976).

La actividad eléctrica de las neuronas puede ser analizada con el apoyo de la biofísica.

Los estudios en fisiología del ojo y la corteza visual, en los que se utilizaban en ocasiones las técnicas de registro con electrodos, fueron galardonados, sólo hasta 1981 (Hubel, 1981). Diez años después, Bert Sakmann y Erwin Neher, del *Max Planck Institut*, fueron reconocidos por la contribución a la electrofisiología, sugiriendo una técnica con la cual se revolucionaría el anterior registro con electrodos, realizado por Hodgkin y Huxley, y que se conoce como la técnica de fijación de voltaje o *Patch clamp* en la membrana celular.

Fig 1.11 Erwin Neher y Bert Sakmann (al microscopio), concibieron el sistema que permite estudiar biofísicamente, uno sólo o diminutos canales iónicos presentes en la membrana de una célula (Tomado de Nichols et al, 1992). En B), Las neuronas durante las primeras horas de cultivo, son ideales para ser registradas electrofisiológicamente.

Allí, la pipeta, previamente cargada con soluciones químicas compatibles con la fisiología transmembranal, debe establecer contacto y constituir un sello a través de su minúscula apertura en microdiámetros.

2.1 LA TRASCENDENCIA MOLECULAR EN LA NEUROBIOLOGÍA

Uno de los aspectos más interesantes que lógicamente forma parte de la tecnología científica, pero no propiamente de la Neurobiología, se acerca al polémico tema de la clonación celular. Partiendo de la lógica de que la ingeniería genética tiene ramales muy importantes intrínsecamente conectados con la evolución de la ciencia, este espinoso tema es abordado, primariamente, de manera anecdótica como una orientación a la relevancia de los avances científicos en conjunto. Debido a la susceptibilidad de la vanguardia asociada con las neurociencias en general, es menester enunciar que la investigación procedente de la neurobiología molecular y de sus sofisticadas técnicas son apenas una parte de la universalidad y pluridiversidad de los caminos a los que inevitablemente conduce el conocimiento a fondo de un área de investigación (Green *et al*, 1998).

Los modelos genéticos como los ratones *knock-out* o la mosca de la fruta, son utilizados con gran frecuencia para encontrar explicación sobre el cómo funciona nuestro sistema nervioso.

Los diferentes intentos para comprender los mecanismos inmersos en la genética, abren espacios muy cercanos a la tecnología en las ciencias aplicadas de orden molecular, específicamente en el controversial campo que recibió el cambio de milenio, asociado con un prototipo de mapeo genómico humano. La búsqueda constante de una cartografía ideal de ésta índole hizo que grandes paladines del siglo pasado demostraran con elegancia y tesón la trascendencia de su dedicación y el valor de la disciplina en el método científico (Morgan, 1933; Beadle & Tatum, 1958; Wilkins, 1962; Mc Clintock, 1983; Sanger, 1980; Mullis, 1993).

Didácticamente, dentro de los llamados *marcadores genéticos*; es decir, los responsables de la transmisión de la herencia y de las cualidades que diferencian los subsistemas de un

ᴎɔɹʌɹoꙅo˙
ꙅıꙅʇǝɯ
oɹʇꙅǝnᴎ
ɐᴎoıɔᴎnɟ
oɯóɔ ןǝ ǝɹqoꙅ
ᴎóıɔɐɔıןdxǝ

Yuri   Zambrano

individuo y predeterminan su conducta y la de sus órganos, se pueden describir dos clases principales que originalmente pudieran entenderse como la causa primigenia del actual estado del mapa genómico transmilenial.

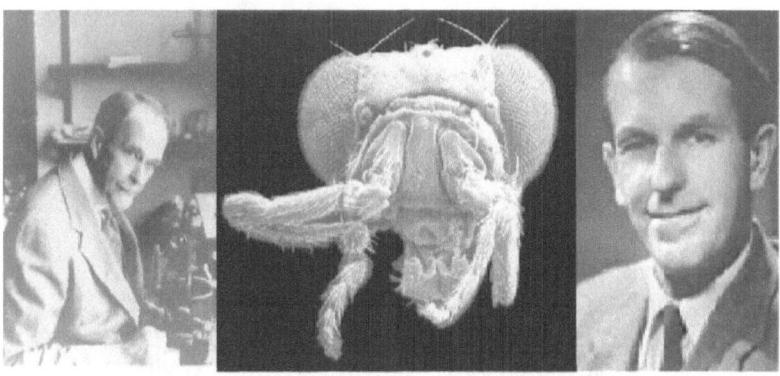

Fig 1.12 Thomas Hunt Morgan, frente a su microscopio, en fase de experimentación genética con insectos, a mediados del siglo XX (Colección Especial de las Librerías de la Universidad de Kentucky). En el centro, la *vedette Drosophila melanogaster*, o mosca de la fruta, y en el extremo derecho, Frederick Sanger, al recibir su primer Premio Nobel de Química en 1958. Las contribuciones de ambos, tanto en secuenciación de nucleótidos, como en la importancia de proveer elementos para investigar nuestros perfiles moleculares, son fundamentales para entender que el comportamiento humano tiene un notable componente genético.

La primera condición comprende un llamado sistema de "ligas", cuyo papel principal es el de sustentar la unión semejante a la de cadenas genéticas, identificando el relativo orden de genes dentro del cromosoma, a manera de un mapeo genómico ideal. La segunda distinción evalúa de manera precisa la distancia que existe entre cada mencionado gen dentro del mismo cromosoma, dejando la constante de espacio como una variable física de la cartografía.

La herramienta genética que utiliza básicamente la unión de sus genes próximos al cromosoma transmitidos hereditariamente durante incontables generaciones es mérito indudable de las moscas que acompañaron gran parte de la vida de un investigador con la talla visionaria del Nobel T. H. Morgan. Gracias a sus inferencias primarias, además de iniciar el camino básico de las nuevas concepciones de la cartografía genética, incluyó en el arsenal científico el empleo de los modelos de *Drosophila melanogaster (mosca de la fruta)* para entender mecanismos que van desde comportamientos selectivos, como lo es el cortejo en insectos, muy similar al de cerebros evolucionados, hasta la propia evolución de la inteligencia del individuo (*Cfr. Apéndice X*).

En las pautas de herencia de las *mosquitas* de Lutz y Morgan se podía prever el mapa de *ligues genéticos* humanos, según la observancia de rasgos genéticos a través de la herencia (tamaño, peso, color de sus superficies externas, algunos comportamientos sociales, predisposición genética a enfermedades, etc). Con el advenimiento de las noveles técnicas de neurobiología molecular, estos mapas se han tornado mucho más prolijos y minuciosos, comparando la presencia cuantitativa de sus genes, y la calidad de los mismos respecto a dispositivos pre-existentes entre ellos, como su interrelación generada por los llamados genes específicos, objetivo de los marcadores genéticos y de otros segmentos moleculares que son preevaluados, reconocidos y determinados por fragmentos de ADN en los que se utilizan técnicas vanguardistas de microarreglos, íntimamente ligados a

En genética, se utilizan modelos computacionales y cartografías moleculares, para extender sus aplicaciones al funcionamiento de complejas actividades neurales.

modelos computacionales de orden aleatorio utilizados en la detección de secuencias y fragmentos, en modalidad *random* (Katzer *et al*, 2003).

En cambio, el mapeo físico, encargado de definir el espacio de interacción entre dos puntos cromosómicos, ha seguido las líneas de vanguardia apoyadas en la neurocomputación y algo de robótica para reconocer sus marcadores genéticos (Schlessinger, 2004, Chen & Guo, 2013). Estas redes genéticas de pasmoso avance coligado a la cibernética requieren de sofisticados procedimientos, extrayendo ADN cromosómico y fraccionándolo en numerosos segmentos bajo patrones de aleatoriedad. Luego se realiza una reduplicación genética de las partes mencionadas, como si fueran copias idénticas o clones emergentes de regiones cromosómicas muy específicas, dispuestos a manera de doblez que parecen disfrazar las marcas cromosómicas, finalmente predispuestas a igualarse con su secuencia original. En la actualidad, la tendencia de investigación en el campo que estudia la genética computacional realiza modelos de selección genética con variables Bayesianas (Lee *et al*, 2003), y existen grupos de investigación que tratan de conjuntar los clásicos paradigmas basados en las teorías de T.H. Morgan, implementando modelos de marcha en insectos robóticos, ligados a preceptos genéticos (Delcomyn, 2004).

La neurobiología experimental, tiene entre sus grandes aliados a la polémica ingeniería genética y a la genética computacional.

La cartografía física, por tanto, es una herramienta de vanguardia para precisar la secuencia real de nucleótidos que se obtienen en un proceso de clonación. Para beneplácito de algunos importantes sectores de la sociedad científica, aún falta mucha más precisión para determinar con exactitud las piezas clonadas de un determinado cromosoma, pese a las técnicas de secuenciación concebidas por el dos veces Nobel Fred Sanger, que han sido adaptadas como parte metodológica del proyecto Genoma Humano (PGH) (Sanger, 1975). El método que prima en el PGH, a grandes rasgos, replica fragmentos estratégicos de ADN y los sobreexpresa de manera fluorescente al reconocer los cuatro nucleótidos básicos (Adenina, Timina, Citosina, Guanina). La vanguardia actual de secuenciadores automáticos de ADN muestra cómo un nucleótido que es modificado en el extremo de una de las cadenas es detectado por tecnología láser, determinando la cantidad de nucleótidos en una cadena específicamente predeterminada.

Un sistema computacional se encarga de la reconstitución genética; esto es, durante el proceso de recombinación hay ciertas modificaciones en los pares de bases de la molécula original de ADN, los cuales son reconstruidos de forma muy precisa, analogando la probabilidad de error de la copia genética, que es una en cien millones, especialmente para la llamada ADN polimerasa: una molécula cuya doble cadena dispuesta de forma escalonada transporta el total del constituyente hereditario en todo ser vivo con muy bajo margen de error, mediante mecanismos precisos que semejan una reacción en cadena (Mullis, 1993). Estos dispositivos de alta sofisticación son investigados por biólogos moleculares, actualmente de manera casi rutinaria, siguiendo una serie de protocolos que permiten constatar que

Las tecnologías de vanguardia en proteómica y genómica, tienen un sustento fundamental en la computación.

la transferencia genética *per se*, es una maquinaria muy precisa. Cada ciclo de reacción en cadena de la polimerasa (RCP) tiene una terna de etapas. Inicia con un proceso de "desnaturalizacion", cuyo objetivo es separar ambas cadenas de ADN mediante un incremento relativo de temperatura; luego, en la fase de "enlace", al bajar el calor, se da paso a la acción de unos "cebadores", o fragmentos, con la función de reunir las hebras de ADN separadas previamente, para que en la polimerización, tercera parte de la reacción, la polimerasa, una enzima especialista en copiar ADN, despliegue la perfección de sus tareas. En cada polimerización se duplica el 100% de ADN, lo que significa que en muy pocas horas esta enzima puede obtener más de mil millones de copias de un solo fragmento, con un bajísimo margen de error (Mullis, 1993).

La enzima especialista en copiar exactamente los rasgos genéticos de un individuo, se llama ADN polimerasa y lo hace con impresionante precisión.

2.2   LA   PROTEINIZACIÓN NEURONAL

Si una población de neuronas es la unidad operativa por excelencia del cerebro y, seguramente, el centro de atención de grandes y concienzudos análisis neurocientíficos, mucho se debe a su función interna proteica, y al plegamiento molecular que se ejerce constantemente dentro de la célula para que se cumplan eficazmente las más sofisticadas funciones que, en términos de adaptabilidad tecnológica, representan cotidianamente retos de alta computación con el objetivo de, cuando menos, tratar de emular tan elaborados procesos producidos naturalmente con impresionante exactitud y muy bajos márgenes de error.

Los culpables son esos 500 gramos de proteínas, ya descritos didácticamente, que a fin de cuentas terminan siendo poco, poquísimo menos, ya que dentro de la célula no existen las cohesiones moleculares como tales, sino que se encuentran distribuidas estratégicamente y se comunican entre ellas mediante mecanismos sorprendentes por su misma sencillez, que involucran gliceroles (la participación de la estructura de los ácidos grasos de una membrana celular, o el 66.6% de la misma), así como proteínas, encargadas de la comprensión de iones orgánicos tan importantes como el fósforo y el calcio, fundamentales en varios procesos de fosforilación que determinan funciones cerebrales como la memoria, el cálculo, los eventos analíticos, y otros proceso de gran complejidad neuronal.

Con el fin de operar este tipo de acción ejecutoria proteica, los mecanismos intrínsecos neuronales se someten a gastos energéticos mayoritarios, que son peculiarmente significativos y que, en síntesis, dependen de sustratos de adenosina como el ATP y sus derivados, como se analiza constantemente a lo largo de este texto. Las porciones energéticas que requiere una célula nerviosa están ligadas constantemente a los genes que caracterizan la función mitocondrial, y que dependen de las hebras de ADN que, allí inmersas, se concentran en no dejar espacio sin energía para cada una de las moléculas que necesitan de tales requerimientos, con el propósito de garantizar plegamientos proteicos eficaces que finalizan con brillantes

Los plegamientos moleculares son características que identifican el *episteme* proteico, fundamental en la pre-determinación genética y funcional de las neuronas dentro de la Teoría de la Epistemología Neuronal (TEN)

ejecuciones sensoriomotoras ligadas a la integración neuronal.

La discusión de la función neuronal, analizada con mayor detalle, sorprende de manera tácita, al enfocarnos directamente en la fisiología molecular y vislumbrar la especialización de cada una de las proteínas, tanto para efectuar sus procesos de reorganización interna y de acomodamiento tridimensional, como en las funciones especializadas que sugieren que, dentro de las moléculas, existen marcajes muy bien ilustrados que evidencian, sin duda, un patrón evolucionista en los comportamientos moleculares, mismos que muy probablemente son los que finalmente determinan las funciones más complejas del cerebro humano transmilenial.

De la bien estructurada organización y síntesis proteica, depende la integración definitiva de las funciones intelectuales.

En la *praxis*, cuando nos referimos al término proteína, la palabra parece más trivial y hasta incluso comercial. Sin embargo, lejos de ser un gancho publicitario de grandes lemas para originales campañas alimenticias, la neurona hace caso omiso de tales bombardeos de los medios de difusión y se concentra gratamente en mantener la homeostasis de sus funciones. El principal mecanismo de esta unidad operativa es, por supuesto, mantener la estabilidad de su membrana celular, ciertamente una de las estructuras más lábiles de la naturaleza y, paradójicamente, por mucho la que mantiene y es responsable de funciones esenciales para la neurobiología, entre las que destacan, nada más y nada menos, las de la comunicación interneuronal, liberación de neurotransmisores e integración sináptica, determinando el carácter químico y eléctrico del cerebro, una espectacular y proverbial máquina generadora de luz, de manera constante e ininterrumpida, con un grado de energía equivalente a 14 watios, que únicamente se ven abolidos cuando llega el final de la vida cerebral, y pueden registrarse en un trazo isoeléctrico mediante procedimientos derivados de técnicas electroencefalográfícas.

La Neurobiología Molecular de los canales cationicos[9] conduce a inferencias sustentadas experimentalmente de que la estructura molecular de codominios transmembranales de los canales iónicos que hoy tiene el hombre en su sistema nervioso son los mismos que tenía un organismo unicelular, no hace 65 millones de años, ni 600, sino mucho, muchisísimo antes; ¡algo así como 2000 millones de años! (*Cfr.* Libro 8).

El Premio Nobel de Química 2003, Rodderick McKinnon, del Departamento de Neurobiología Molecular y Biofísica del Instituto Médico *Howard Hughes*, estudiando los músculos en diversidades mutantes de la mosca *Drosophila*, pudo acertar con la estructuración de los canales de potasio implicados en la respuesta neuromuscular de grandes complejos nerviosos, a nivel molecular y especialmente en registro de corrientes unitarias de canales iónicos en la membrana celular. Con análisis muy recientes, utilizando la técnica de cristalización bioquímica por Rayos "X", caracterizó la estructura molecular del canal de potasio KvAP (de *Aeropyrum pernix,* una arqueobacteria existente

La biología molecular ayuda a conocer la conformación de los canales iónicos y la relevancia de sus dispositivos internos, esenciales para la generación del impulso nervioso.

---

[9] Canales que permiten el paso de iones con carga positiva a través de la membrana, ocasionando finalmente la generación del impulso eléctrico neuronal.

millones de años antes que los dinosaurios), el cual tiene una secuencia de aminoácidos bastante similar a la de los canales eucariotes. La magnitud de esta revolucionaria técnica concede la ventaja de concluir que un sensor de voltaje, una subunidad implicada en la corriente de carga intracanal, responsable del paso de iones por mecanismos de apertura y cierre de compuerta, puede medir 1.9 (Jiang *et al*, 2003).

En el campo de la transmisión sináptica, el fabuloso aporte de la neurobiología molecular ha sido de magnitudes invaluables. Los procesos intraneuronales de transporte de proteínas involucradas en la liberación de neurotransmisores es absolutamente cautivante. Basta decir, como veremos posteriormente en la exégesis "Atención; Sinapsis Trabajando" (*Cfr*. Libro 9), que la exocitosis depende en gran parte de moléculas de alta especialización que junto con el calcio, son fundamentales para que se lleve a cabo la vital comunicación sináptica.

La compleja maquinaria que se despliega en el tráfico intrasináptico de proteínas, sirve para comprender los mecanismos moleculares de la liberación de neuro transmisores

La bioquímica, y en este caso la neurobioquímica preocupada por la síntesis, producción y liberación de neurotransmisores, es una herramienta necesaria para comprender tan esenciales procesos interneuronales.

Thomas Südhof del departamento de fisiología celular y molecular en la Escuela de Medicina de la Universidad de Stanford, California; ha trabajado durante las últimas tres décadas, estableciendo las precisiones que rigen los procesos exocíticos intersinápticos y ha descrito la funcionalidad de proteínas clave en estos procesos, como la sinaptostagmina, sinaptofisina y demás moléculas que son responsables de iniciar, mantener y concluir la maquinaria sináptica de la liberación de neurotransmisores en la llamada "zona activa" de la presinapsis (Südhof et al, 1987; Südhof, 2012).

Así mismo, cada vez es mayor el índice y número de reportes científicos en la clonación de canales, y en todos los aspectos relacionados con la manipulación genética de las proteínas transmembranales acuosas, que permiten el paso de iones de un compartimento intracelular al extracelular y viceversa, evento trascendental en la generación del potencial de acción, el sustrato eléctrico del impulso nervioso (Miller C, 1989, Mc Kinnon, 2003).

La fenomenología de la transducción sensorial también se apoya en la neurobiología molecular para resolver sus interrogantes.

Una de las interesantes áreas de la biología molecular aplicada a las neurociencias se ha dado en los fenómenos sensoriales que requieren de transducción proteica, y en los que se usan técnicas avanzadas para entender la comunicación entre moléculas. Tal es el caso de Arthur Kornberg y Severo Ochoa, reconocidos en 1959 por sus trabajos en la obtención del Ácido Ribonucleico artificial. Tres años más tarde, los muy jóvenes J. Watson y F. Crick sorprendían al mundo al ser recompensados por la academia sueca por su elaborado análisis del modelo doble helical de la estructura del ADN.

En el mismo *Item* de la biología molecular, Har Hobind Khorana siguió trabajando en código genético, particularmente en los fenómenos químicos implicados en la transducción de señales de la retina, uno de los aspectos más interesantes y complejos de la neurobioquímica experimental (Khoranna, 1968).

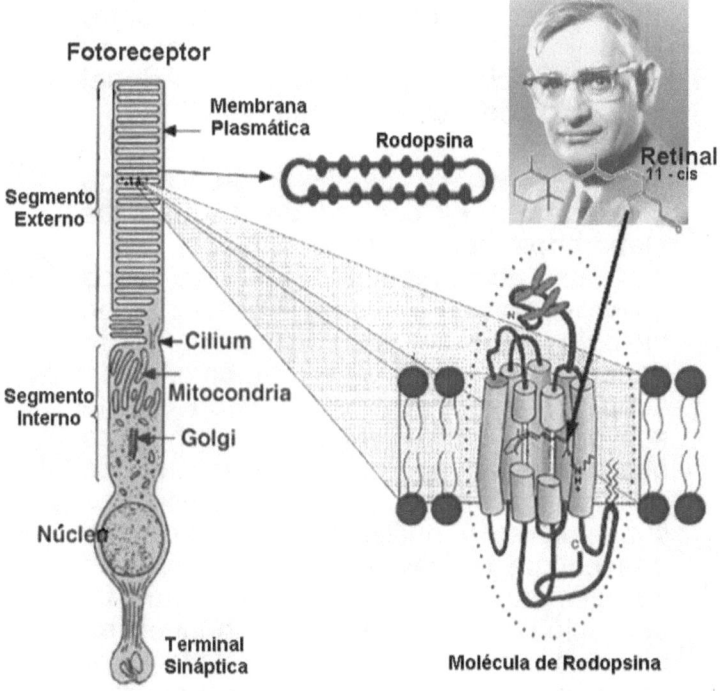

Fig 1.13. El Nobel Har Hobind Khoranna, uno de los biólogos moleculares más connotados del siglo XX, estudia los procesos de isomerización de las proteínas implicadas en la visión, como la rodopsina.

En los albores de siglo XX, Edmund Wilson y Theodor Boveri hicieron sus primeros estudios sobre los procesos involucrados en la diferenciación celular. En esa misma época, arribaba a la Universidad de Columbia un biólogo llamado Thomas Hunt Morgan, quien conformaría un grupo heterogéneo entre 1902 y 1910, arrojando la perspectiva evolucionista de la genética actual y finalizando con la emancipación teórica planteada por el entomólogo Frank Lutz de que la mosca podría ser un gran modelo de experimentación genética y que, luego de un intenso trabajo entre 1910 y 1925, sirviera para que todo su grupo se hiciera acreedor al premio Nóbel unos años después (Morgan, 1933).

La adecuada secuenciación de ADN dentro de las células nerviosas, determinan la capacidad de especialización neuronal.

Actualmente, muchos grupos de investigación se centran en los trabajos elaborados por los Premio Nobel 1965, Jacques Lucien Monod y Françoise Jacob quienes, gracias a sus investigaciones en biología celular y el funcionamiento general de la misma en sus fenómenos de acople y alostéricos, propusieron que la activación de definidos programas genéticos derivan en la clasificación de conjuntos específicos moleculares subcelulares y nucleares que identifican una estirpe o linaje celular. Tan sólo en las últimas décadas se concluyó que tal activación de genes determinantes en distintas células es controlada por proteínas citoplásmicas o nucleares, que se unen a secuencias de ADN y regulan su expresión; lo que hace pensar que estas señales de transcripción tienen un patrón hereditario que influye en la estirpe celular y la comunicación neuronal.

De esta forma, el individuo pensante trata de dilucidar sus orígenes no únicamente desde una óptica hereditaria, ya que igualmente intenta encontrar los mecanismos neurales mínimos, y otros procesos complejos que generan el intelecto y que están asociados potencialmente a las cargas genéticas que se transfieren a través de generaciones. En tal carrera por distinguir sus propios orígenes, se ha calculado que, al finalizar el Proyecto Genoma Humano (PGH), se generaría un promedio de entre 50,000 y 100,000 genes, con la certidumbre de acceder a mapas de alta resolución de los cromosomas, cuya información a su vez depende de la identificación de muchos otros miles de puntos significativos, y la decodificación y lectura general de millones de secuencias de pares de bases con estricta información por transferir (Green, Guyer & NHGRI, 2011, Abecasis et al, 2012)

De allí la trascendencia y la necesidad de que, cada vez más, las herramientas genéticas tienden a ligarse a los modelos computacionales y robóticos que garanticen la optimización de información mediante el uso de interfaces, lo que comúnmente potencializa la sinergia del triunvirato GNR (Genetica, Nanotecnología y Robótica) que desde el punto de vista neuroepistemológico, aproxima al abordaje objetivo que vislumbra la posibilidad real de atribuir conciencia en las máquinas (Zambrano, 2012).

La biología molecular humana, identifica actualmente alrededor de tres mil millones de bases genéticas, las que resultan hoy insuficientes, para comprender el origen de tan sólo, algunas enfermedades cerebrales.

Para ello, existen grandes bancos de genes que albergan una cantidad impresionante de información, ubicados mayormente en aquellos países industrializados con un gran presupuesto para la ciencia. En 2001, la comunidad científica internacional dio por muy avanzado el problema de la cartografía genética humana; proponiendo secuenciar un promedio de 3,000 millones de bases y optimizar las perspectivas de garantizar que la medicina genómica, estuviera al alcance de la población mundial (Green et al, 2011). Tal coyuntura orientada al estudio e identificación de un cúmulo de enfermedades e interrogantes que llevan años investigándose, debe ser trabajada también por los países en desarrollo, con el objetivo de estimular la investigación en este campo.

Reportes tras casi tres décadas de trabajo para consolidar el Proyecto Genoma Humano (NRC, HGP, 1988), realizados mayormente por el Instituto de Investigación del Genoma Humano en el NIH de Maryland, se enfocan mayormente a metas claras como la estandarización proteómica, la genética computacional y la optimización de la medicina genómica orientada a la identificación genética de las enfermedades en general (Green et al, 2012).

> Los trabajos del Proyecto Genoma Humano pueden ayudar a realizar una cartografía genética para combatir y prevenir enfermedades de difícil tratamiento.

Igualmente se reporta un proyecto vanguardista con un promedio de 700 autores firmantes, en el que se identifican 1092 genomas (de 14 poblaciones diferentes) con sus respectivos exomas y haplotipos. En este descomunal trabajo se mapearon 38 millones de nucleótidos, secuenciando 1.4 millones de inserciones y eliminaciones de bases (conteniendo el 1% de anulaciones de segmentos extensos) lo que traduce la complejidad que implica mapear el código genético orientado a la medicina genómica de la población mundial, teniendo en cuenta factores de transcripción en cada uno de los polimorfismos investigados (Abecassis, Green et al, 2012).

MODULO 3

LA PERSPECTIVA PRAGMÁTICO-EVOLUTIVA DE LA NEUROBIOLOGÍA CONDUCTUAL

Yuri   Zambrano

Una aproximación propositiva que se somete a discusión en el curso de todos los tomos que integran esta obra; es la gran preocupación que se tiene por comprender los mecanismos intrínsecos que conllevan a la generación del pensamiento. Dicho de otra manera, tratar de explicarse con fundamentos científicos cómo hace el cerebro para mantener un orden tan espectacularmente sincrónico y, obviamente, el *qué del porqué*, cómo genera el pensamiento, para extrapolarlo por medio de un determinado lenguaje oral, escrito o expresivo en milisegundos.

En el aspecto cognitivo-emocional, que es hacia donde verdaderamente se dirige el objetivo de este libro, la neurobiología conductual ha tenido que replantearse constantemente, por razones que obedecen en parte a la vertiginosa demanda de necesidades de la condición humana con respecto de la creciente tecnocracia; y en segundo término, pero no menos importante, a la impresionante cascada de fenómenos que cotidianamente aparecen como probabilidades que se acercan a la comprensión definitiva de tan intrincados mecanismos que nos presentan el cerebro y sus estructuras.

Las neurociencias cognitivas son una herramienta fundamental para entender los procesos neuro biológicos que generan el intelecto.

La fenomenología perceptiva, asociada a la planeación de las acciones y la toma de decisiones, es clave en las respuestas emocionales de alto orden cerebral, que son característica inmanente de la naturaleza intelectual del individuo racional y por tanto, un objeto de estudio para entender neuroepistemológicamente, como se estructura la conciencia.

El fundamento de tal búsqueda está influido, por supuesto, desde el procesamiento de las señales intracelulares hasta los complicados modelos de redes neuronales, esencia de la mal llamada inteligencia artificial y la sublimación del hombre hacia las máquinas; representando así, el enfrentamiento del ser frente al problema del hombre-máquina (Zambrano, 2012), tratando de dilucidar la disyuntiva real y polémica al concebir la posibilidad real de atribuir conciencia en las máquinas.

Los científicos y filósofos de la mente, discuten actualmente, si en efecto, las máquinas tienen conciencia.

Una de las vías más estudiadas, la visual, demuestra que el cerebro, además de recibir sensaciones desde su entorno, también es capaz de reconstruir imágenes, a partir de sofisticados procesamientos de alto orden que implican la capacidad de selección de los fenómenos atentivos, apoyados en otras vías sensoriales, como por ejemplo la auditiva o la olfativa, en los fenómenos de localización y propiocepción.

Las representaciones internas de los diversos fenómenos mentales están siendo estudiados dentro del campo de la cognición espacial personal y extrapersonal. Los eventos relacionados con los niveles de percepción sensorial y extrasensorial, en su contexto real e imaginario, actualmente son motivo de interesantes técnicas de abordaje, desde el punto de vista experimental (*Cfr.* Parte V, *Niveles de Conciencia y Cognición*).

Los estudios psicoanalíticos freudianos, y más concretamente los enfoques conductistas de finales del siglo XIX, comandados por el ario Hermann Ebbinghaus y realizados en humanos, marcarían cierta pauta en el estudio de algunas funciones cerebrales superiores, gracias a los análisis posteriores que Edgar Thorndike y Pavlov realizarían en animales unas décadas después.

El conductismo tuvo sus momentos de clímax con John B. Watson y Burrhus F. Skinner, orientados a comprender los organismos desde un punto de vista no consciente, con base en el condicionamiento operante propio de respuestas reflejas. Pero en un sustrato lógico, se ignoró el proceso constructivo que deviene con la creatividad y la independencia del intelecto, la toma de decisiones, los mecanismos perceptivos, los fenómenos atentivos y los complejos sistemas de memoria.

En ese gran conjunto que más parece un macrosistema de conciencia ideal, no consideraron que la estructura y la función de las conexiones interneuronales se ven fuertemente influidas por los procesos de memoria y aprendizaje, pudiendo ser modificadas tras la aprehensión de una experiencia, y no necesariamente a partir del condicionamiento resultante de un entrenamiento.

El psicólogo John B. Watson pensaba que la herencia era un factor menor en las acciones del ser humano y que lo importante era la conducta.

Uno de los baluartes más importantes en la teorización y desarrollo de este tipo de enfoques analíticos en relación con el intelecto fue, sin duda, J.B. Watson, quien a mediados de la década de 1910, proponía que las aptitudes y cualidades mentales del individuo para resolver simples problemas, de acuerdo con su perfil cognitivo y perceptivo, se basaba en apreciaciones de sus experiencias previas, muchas de ellas evaluadas desde la infancia, en donde se notaba la influencia del ambiente familiar y de su propia mediación cultural, que determinaban el porvenir de un ser social en sus diferentes entornos.

3.1 EL DETERMINISMO GENÉTICO EN EL COMPORTAMIENTO INTELECTUAL

Pese a que, incluso hasta mediados del extinto siglo XX, aun las tendencias experimentales de la genética gozaban primordialmente del punto de partida clasicista mendeliano, los experimentos del Nóbel Thomas H. Morgan en insectos y las contundentes demostraciones posteriores, ayudaron a comprender la estructura del ADN, enunciando la existencia un tipo de ensamblaje genético predeterminado de manera relativa. Dicha predeterminación coadyuva a la definición de marcadores conductuales de ciertas respuestas intelectuales en el individuo, identificando las percepciones cognitivas y de personalidad que se adecuan constantemente a las reacciones de las especies frente a las variantes de la naturaleza.

> Objetivamente, son los genes los que determinan la conducta?

A raíz de los trabajos de Francis Crick y James Watson, algunas corrientes psiquiátricas elucubraron sus premisas sobre la interacción que podrían tener las enfermedades mentales y la herencia, además de los determinantes factores ambientales. Durante varias décadas, pero característicamente en los paranoicos años setenta, este planteamiento hereditario creó un gran sentimiento de culpabilidad entre padres, quienes notaban que, sin duda, incluso algunos comportamientos podían ser transmitidos idénticamente. Esto estableció, por tanto, los fundamentos de la carrera genética del final de siglo, cuyo objetivo era adentrarse en el misterioso mapeo genómico de la conducta, y que vio sus albores en los primeros años de este siglo, al entregarse la primera fase de un conteo inicial donde el análisis del ADN, oscilaba entre los treinta y cien mil genes. La secuencia del genoma humano, y su parte operativa de recursos laborales, "El Proyecto Genoma Humano", revela que esta cifra de genes, nos acerca a otra realidad no menos asombrosa, y que se relaciona con tres mil millones de bases del tipo Adenina, Citosina, Guanina, Timina, componentes fundamentales de la estructura de los ácidos nucleicos que determinan al gen y que, eventualmente, pueden vincularse, cuando menos en parte, con la inteligencia.

Dicha inteligencia no es más que una cualidad operativa del intelecto. Una creación relativa de la sociedad. Tal vez el término inteligente, inteligencia, o sus derivados semánticos, dejarían de existir si se creara otro término, lo que en ocasiones llega a tener efectos discriminatorios y que, por supuesto, obedece a condicionantes sociales. Es por ello que un animal es considerado inteligente, y existen comportamientos así sustentados por ciertos juicios sociales, además con notable cotidianidad. Cuando un espécimen se organiza para atacar, defenderse, simplemente interactuar, o conseguir un logro a nivel comunitario, también puede ser calificado como una actividad de cierto orden intelectual. Inferencia que evolutivamente tendría un potencial principio darwiniano fundamentado en la preservación de la especie.

Estás leyendo sobre la generación de la inteligencia general y las contingencias que la determinan.

NEUROBIOLOGIA DEL INTELECTO

Inteligencia es, sin duda, la capacidad que tiene el individuo para adaptarse velozmente a la solución de un problema planteado y resolverlo construccionalmente según su libre arbitrio. En términos aún más polémicos, un respetable cúmulo de pensadores han generado controversia entendiendo evolutivamente el problema, al enfocar el "desarrollo de la inteligencia" y justificar que, en efecto, tal capacidad de adaptación a los problemas y su consecuente resolución podría tener un sustento en la asimilación experiencial. De hecho, las experiencias previas, el aprendizaje de las mismas, y los mecanismos de recuperación y consolidación de datos memorables, suelen ser elementos subjetivos del intelecto, mientras que la operatividad analítica y la ejecución de tareas de relativa complejidad cumplidas con aceptable eficiencia pueden ser cualidades que definan algunos caracteres generales de la inteligencia.

La adquisición de un conocimiento depende de la asimilación experiencial. La capacidad de procesar y retro alimentarse eficazmente de tales experiencias, constituye un rasgo intelectual.

De esta manera, el problema del intelecto se convierte en un litigio de magnitudes polarizantes. Mientras que una corriente puede estar inclinada por un determinismo tangencial y de origen genético, que obviamente tiene una porción de verdad, otras teorías se apoyan de manera igualmente notable en que ciertas aptitudes intelectuales pueden ser desarrolladas mediante el entrenamiento y el reforzamiento mecánico de las experiencias previas, sin caer necesariamente en el conductismo, pero utilizando por supuesto el valor analítico y conciencial de la retroalimentación como el elemento más valioso del aprendizaje competitivo que, basado en connotaciones experienciales, pueden socorrer inteligentemente la potencialización logarítmica de una serie repetitiva de problemas hasta encontrar una solución, que usualmente en momentos anteriores no pudiera ser concebida. En este rango, la asimilación experiencial juega un papel determinante en el desarrollo de la inteligencia, y, mejor aún, en la adaptabilidad del sistema nervioso y de las actividades intelectuales para la ejecución de tareas que requieren de cierta complejidad.

Sin embargo, llama la atención algo todavía más interesante para los estudiosos de este apasionante tema. ¿Es el ingenio una facultad del intelecto? Ó, es esta característica lo que realmente correspondería a una inteligencia notable. El hecho de tener la capacidad de resolver un problema es parte del ingenio, pero también es lógico elucubrar ante lo intangible; es decir, ante la capacidad de crearse los problemas para habilitar, a la vez (de manera algorítmica), nuevas perspectivas de solución, las cuales requieren de esa "chispa" que caracteriza al ingenio de diversos especimenes que se especializan en la creación y solución de sus propios dilemas, incluso dentro de la cotidianidad de un diálogo, lo que inevitablemente podría estar asociado con la experiencia o con otros procesos que son tempranamente ejecutados para resolver dificultades, y que se retroalimentan constantemente, quizá con base en la forma como se recupera la familiaridad de un archivo mnésico previo. En este aspecto, transige la repercusión discriminatoria de la inteligencia en los modelos evolutivos comunitarios. En un grueso poblacional, la mayoría mantiene un perfil o cociente intelectual determinado acorde a cómo se les

¿Es el ingenio una facultad intelectual?

presenta el entorno, en otras palabras, dentro de un rango de normalidad, y no es nuevo decir, que sólo unos cuantos presentan cualidades que los distinguen para sobrellevar exitosamente, o con mayor facilidad, algunas tareas que traducen mayor complejidad, como también existen poblaciones subcalificadas para desarrollar las tareas que normalmente identifican una especie.

¿ Son las modificaciones ambientales, las que realmente determinan la capacidad creativa del individuo?

Si los conceptos de ingenio e inteligencia fueran todavía más polemizados, cabría un segundo interrogante basado en el concepto hereditario. En los casos de gemelos idénticos provenientes de un mismo zigoto (con igual carga genética por ovocito), ¿por qué varía su cociente intelectual? ¿Es entonces el ambiente lo que modifica el ingenio? La repuesta podría parecer trivial si nos apegamos a ciertos parámetros lógicos; empero, la neurobiología conductual y cognitiva se esfuerza constantemente en dilucidar tales enigmas, donde los rasgos de la personalidad de cada individuo se potencializan con sus caracteres fenotípicos (Mc Gue & Bouchard, 1998). En síntesis, el desarrollo del ingenio podría depender a la postre de un patrimonio genético, que requiere del sano entrenamiento de las habilidades cognitivas y de un acucioso diagnóstico precoz de tales cualidades, lo que dependiendo del grado educativo de la sociedad podrían incrementar notablemente el coeficiente intelectual de un individuo y, por simple retroalimentación de sus unidades, ser extrapolado a los entes que le rodean mediante el más vanguardista de los modelos neurales, el del aprendizaje.

En este campo, el cerebro es asombrosamente implacable. Su funcionamiento sincronizado y preciso, del cual daremos cuenta a lo largo de este libro, evidencia muy gratamente la capacidad heurística del complejo neuronal concerniente a la ejecución exitosa de sus tareas, respondiendo a estímulos sensoriales y a la disposición ordenada de sus comandos, lo que finalmente se traduce en procesos neurales de alto orden con un óptimo grado de eficiencia y un sorprendentemente mínimo margen de error.

Si bien la biología molecular es uno de los recursos aproximados para dilucidar el problema, actualmente se contempla también la contribución de los experimentos en murinos con mutaciones puntuales, en los que se ha demostrado que bajo el concurso de hormonas y factores de crecimiento, la conducta y otras importantes tareas cognitivas como la memoria, suelen ser fuertemente modificadas (*Cfr.* Parte IV). Actualmente, los científicos buscan asociaciones genéticas con alta densidad de receptores que asocien cualidades de la memoria con las bases neurales de la inteligencia (Duncan *et al*, 2000 y Margottil *et al*, 2003), aunque lógicamente se considera que gozar de una memoria sorprendente, no es garantía de inteligencia.

En términos de la aplicación de los genes a la capacidad cognitiva percibida por el sistema nervioso y asociada con la resolución de tareas que implican un alto grado de complejidad intelectual y creativo, la neurobiología consolida actualmente uno de sus más grandes retos: la identificación de los proceso

Un ambiente adecuado desde el nacimiento, puede modificar positivamente la carga genética e intelectual de un individuo.

mínimos neurales que conllevan a la consecución de actividades intelectuales.

Fig 1.14 Implicaciones Neurales Condicionantes para estructurar una Fluidez en la Inteligencia general. 48 participantes (entre 18 y 37 años, ambos sexos) fueron sometidos a pruebas atentivas para evaluar actividad cortical prefrontal con test de *Raven* analizados por matrices. También se realizaron tareas de memoria de trabajo controladas por resonancia magnética funcional. Los sujetos en estudio, debían reconocer información visual detallada en grupos progresivos de 3 en 3 (recurriendo a la retroalimentación de tal información, cada 2.36 segundos)

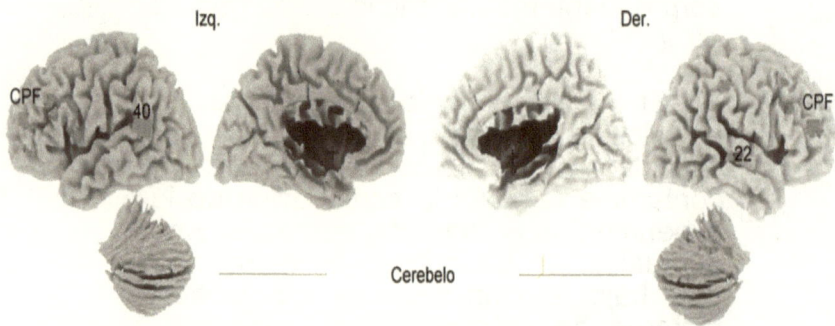

Izq.   Der.

Cerebelo

con distractores de imágenes cuya información traducía alta interferencia en el momento de la discriminación de figuras y del procesamiento mnésico a corto plazo. Esto con el fin de evaluar el control cognitivo de la tarea, la capacidad de resolución de problemas y la adaptación a tales distractores de manera fluida y eficaz, independizando las variables: "Atención Selectiva Vs. Memoria de Trabajo".

En la gráfica, se ilustran cortes sagitales del hemisferio derecho e izquierdo, mostrando las regiones en las cuales la gF (Fluidez de la Inteligencia General), predice un intenso nivel distractor. La CPF (AB 9-10 y 46) evidenció actividad bilateral pero con predominio izquierdo, la corteza parietal (AB 40) y la corteza temporal (AB 22) en forma bilateral, junto con la parte posterior del cerebelo fueron las más activadas. El índice de conectividad efectiva (ICE), se infiere a partir de quienes sortean los distractores con éxito, ubicando el objetivo atencional y procesamiento de su memoria de trabajo (actividad en CPF y corteza promotora izquierda) y encendiendo otras cortezas de asociación (AB 22, 40 y cerebelo) (Modificado de Gray et al, 2003).

Yuri   Zambrano

3.2 COGNICION MORAL Y CEREBRO SOCIAL

El periodo de la Guerra Fría dio entre sus gélidos frutos algo cálido para la condición perpetuamente evolucionista de la psicología cognitiva. La generación de los pioneros expertos en relacionar el mundo cerebral interno con los accidentes de la sociedad[10] surgió, más como una necesidad del mundo exigente de cambios urgentes de esas décadas que como propuesta de comprensión neurofilosófica. Entonces aparecieron en las escuelas líderes en gramática y procesamiento de la comprensión de los fenómenos epistemológicos del lenguaje como Noam Chomsky, analistas de procesos de percepción y asimilación de las experiencias como Ulric Neisser, y pensadores de la talla de Frederick Bartlett, George Miller, Theodore Roszack; el polémico psicólogo pionero en inteligencia artificial, Herbert Simon, premio Nobel de Economía 1968, y Edwin Tolman, entre otros. Su objetivo central era abrir la nueva vía que supone la sepultura de las teorías que por mucho tiempo enlazaron, de manera relativamente errónea, cerebro y conducta, desde un punto de vista casi reflejo.

Experimentos en psicología cognitiva, demuestran que las tomas de decisión pueden obedecer al entorno ambiental que las determina.

Gracias a sus propuestas, todo podía partir de los fenómenos perceptivos que se manifiestan de alguna manera en las expresiones conductuales. Es decir, la

---

[10] Accidente es una categoría filosófica de la clásica escuela platónica para indicar todo lo que está en relación con las contingencias del individuo respecto a su entorno. « Una cualidad que no es esencial ni constante. »

representación de los fenómenos mentales, ocasionados por un procesamiento neuronal, debía ser analizada principalmente en el comportamiento, que siendo o no aprendido, siempre va a reflejar las condiciones innatas dependientes de cierta predisposición genética.

En el mismo orden de ideas, pero un poco más enfocado a comportamientos sociales de alto orden evolutivo, con connotaciones intelectuales y de razonamiento necesario para preservar un lógico orden entre la mayoría de las especies, Stanley Milgram (1933-1984), de la Universidad de Yale, trabajó durante el inicio de los años sesenta en la interesante perspectiva de la conciencia moral y la obediencia, con base en modelos experienciales de la post-guerra, con lo que consiguió acercar al individuo del siglo XX a la idea, cuando menos comportamental, de que los medios jugaban un papel importante en el desarrollo de la conciencia organizacional comunitaria. Sus experimentos, tanto controversiales como visionarios, incluían a una muestra numérica significativa de voluntarios que inducirían choques eléctricos a otros individuos, según su criterio y arbitrio, y sin reglas comunitarias. El resultado muestra que, en efecto - y tal y como podría plantearlo una hipótesis entre lo lógico y lo irracional, los elementos humanos allí inmersos aplicaron el mayor grado de potencia de electrochoques a sus congéneres con el objetivo de disciplinarlos.

Stanley
Milgram,
(1933-1984).

En su estudio, el investigador encontró que algunos factores afectan la obediencia, en especial la reputación y la figura autoritaria, en relación con ciertas categorías. Por ejemplo, si no estaba la autoridad de cuerpo presente -y las indicaciones se daban por micrófono u otra vía no percibida visualmente-, disminuía la obediencia; así como cuando existían dos órdenes superiores, haciendo que el factor considerado más poderoso adquiriera otro nivel de obediencia. Algunas conclusiones que S. Milgram y otros pensadores obtienen sobre este peculiar experimento fueron que, en términos sociales, los valores que rigen, aún en los vestigios del siglo XX, dependen bastante de la "solidaridad electrónica" de los medios. En otras palabras, el índice de violencia subliminal más alto, en la emancipación de algunos valores ocultos del inconsciente humano, podría estar dado por los preceptos amarillistas de los informativos, y peor aún de otros programas de entretenimiento con alto nivel de violencia, pese a que en el tiempo de los experimentos de Milgram, los preceptos negativos se constituían en términos de la Guerra Fría, y en prejuicios emanados de la postguerra inmediata, condenando disciplinas fascistas. La analogía es muy similar casi medio siglo después, aunque los monstruos mediatizados del entretenimiento se esmeren por exhibir otras facetas.

3.3 EL PROBLEMA MENTE-MENTE: CUANDO DOS INDIVIDUOS SE ENCUENTRAN

Un problema esencial dentro de la neuroepistemología, es la interacción entre dos complejos operantes, ya sea el humano con el animal, con otro de su misma especie o como suele suceder, en la interacción con las máquinas, donde frecuentemente, al igual que con ciertas mascotas, atribuimos cualidades concienciales.

Resulta interesante que los ingredientes tecnológicos también muestran caminos que llevan a considerar el sentido y la aceptación de un modelo evolutivo que evidencia una cercanía a la creación de dispositivos cada vez más robotizados, semejantes a la idealización de neuroprótesis, o aparatos cuyos componentes cibernéticos pueden ser adaptados a tareas mecánicas, y que actualmente puedan ser operados mediante órdenes cerebrales, conectados a sistemas dependientes de motoneuronas, cuyos movimientos son derivados del entrenamiento y aprendizaje, con base en conceptos que resultan del fortalecimiento sináptico y la retropropagación computacional (*Cfr.* Parte III: Redes Neuronales). Independientemente de lo trascendente que es el orden de la obediencia a las disposiciones naturales de la jerarquía neuronal, las neurobiología computacional complementa una vez más la importancia de considerar, que a cada unidad neuronal debe conferírsele la esencia filosófica del patrón que existe entre los comportamientos de unidades de comando y de obediencia, que a su vez generan órdenes de manera escalonada, para llevar a cabo la ejecución proveniente de un sistema muy sofisticado y conceptualmente bien ordenado.

Lo anterior plantea entonces algunas aproximaciones importantes desde la óptica de una aplicación relativa a las neurociencias cognitivas, frente a los retos de la evolución psicológica del individuo, y de algunos caracteres de su conciencia, primordialmente en sus

En la interacción de redes neuronales humanas con modelos artificiales, ¿Realmente es el cerebro humano, quien controla las máquinas?

magnitudes de interacción social, que podrían verse como un acercamiento a la instancia final de la neurobiológicamente estudiada Teoría de la Mente (*Cfr.* Parte V), cuya preocupación primigenia es tratar de analizar los mecanismos por los cuales un cerebro es capaz de entender otro cerebro. En términos comunitarios, ¿cómo hace un cerebro para estructurar esos grados de conciencia? Esto es, ¿el hecho de que se busque filogenéticamente un grado de disciplina y uniformidad en la sociedad, requiere de procesos evolutivos como la competencia y la opresión mediante violencia, incluso en seres aparentemente racionales?

> La "teoría de la mente", intenta explicar los mecanismos por los que un cerebro puede comprender a otro.

Finalmente, dentro de la unidad de los procesos de memoria y aprendizaje, podríamos inferir que la violencia y la estructuración de la competencia en términos darwinianos de supervivencia están predeterminados genéticamente y son reaprendidos constantemente mediante un estricto proceso de retroalimentación cíclica, generado por la activación de estímulos, como el carácter reiterativo de los sistemas de difusión externos, encargados en difundir escenas con programas escritos o articulados sensorialmente con contenido violento. Pese a que, idealmente, el cerebro humano tiene mecanismos inhibitorios para tal tipo de brotes desequilibrantes. Algunas consideraciones aproximadas al raciocinio con un sustrato lógico, en el que las diversas funciones de alto comando cognitivo y conciencial, parecen integrarse desde predeterminaciones moleculares previamente dispuestas, incluyendo los dispositivos que sustentan. Así pues, un intelecto independiente y propositivo, los diversos sistemas de memoria, el libre arbitrio, y otras funciones de alto orden conciencial, emergen tras estímulos perceptivos y procesamientos atentivos, unidos a gnosias premotoras y ciertas praxias construccionales, subyacentes al poder creativo, son parte del sofisticado procesamiento espacial de áreas parieto-occipitales del encéfalo.

Las funciones cerebrales superiores antes mencionadas parecen estructurarse en el intelecto para constituir ciertos niveles de conciencia. Un problema que la neurobiología apenas concibe como el obstáculo final que abre nuevas puertas a diversas vías para responder interrogantes ancestrales. La neuroepistemología se constituye lentamente como una alternativa teórica para conjuntar la prodigiosa obra experimental que ha legado la neurobiología. Algunos connotados especialistas intentan solventar sus inmensas dudas sobre las justificantes de los constitutivos ontológicos del individuo, como los que se presentan entre lo que llaman "Primera y Tercera Persona", que también es abordado de una forma similar, casi obsesiva, que busca comprenderlo bajo la perspectiva del *sí mismo*, una categoría operativa de la conciencia que se revisa con amplias referencias bibliográficas en la última parte de este libro.

Como una interesante aproximación a la resolución del problema, la neurobiología, en apoyo de su evolución, tiende a caer en sus armas computacionales, y tal vez en la complejidad que lega la comprensión de un funcionamiento algorítmico de sus unidades, al ofrecer la alternativa necesaria de plantear la importancia de la función de las redes neuronales como una

Con el abordaje neuro epistemológico de la Teoría de la Mente, se pueden entender mejor las interacciones entre la primera y la tercera persona.

probable opción que solucione la inmarcesible cuestión que se asocia con la emergencia de la conciencia.

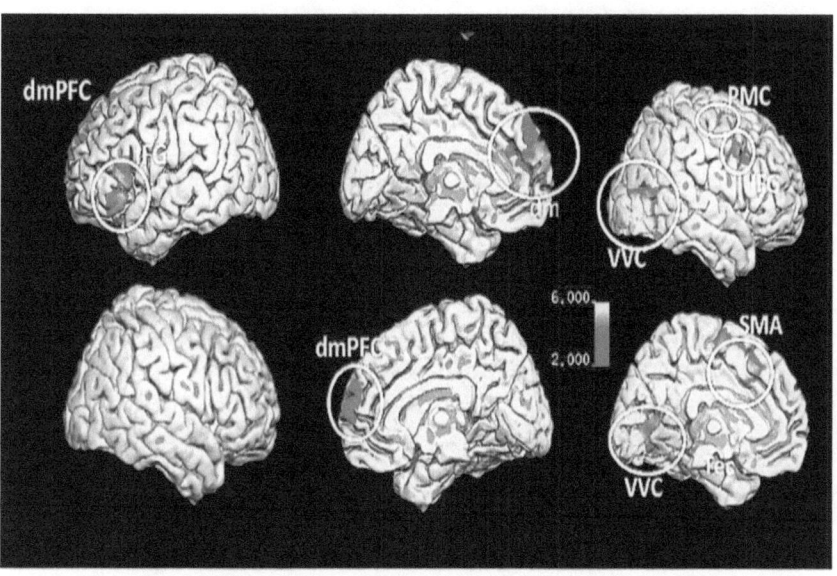

Fig. 1.15 Cognición Social y Juicios. Se estudiaron 44 humanos adultos (20 mujeres) entre 21 y 60 años (32.8 ± 11.5 años) para evaluar juicios de Confianza, Atracción y Cálculo comparativo de edades, que explican las cualidades cognitivas y emocionales del cerebro social y la teoría de la mente. La corteza prefrontal dorsomedial (dmPFC), el giro fusiforme izquierdo (IFG), la corteza premotora (PMC), el área motora suplementaria (SMA) con extensiones a la Corteza Cingulada Anterior, la Corteza Visual Ventral (VVC) y Tectum mesencefálico (Tec) fueron áreas de mayor actividad. (Bzdok et al, 2012).

3.4 INTELIGENCIA OPERATIVA E INTELIGENCIA GENERAL

Con el auge de las aplicaciones de la cibernética en la biología hacia la segunda mitad del siglo pasado (Wiener, 1948 y Von Neumann, 1958), la contribución a los modelos de redes neuronales tuvo sus primeros reportes científicos utilizando los esquemas originales de destacados precursores de la computación a mediados de los cuarenta (Mc Culloch & Pitts, 1943), y que alcanzaron su mayor apoyo con los planteamientos de Donald Hebb, constituyendo el fundamento actual de las teorías más sólidas en comunicación neuronal aplicada a los modelos computacionales de retropropagación.

La actividad constante de neuronas corticales del área prefrontal, fortalecen sin duda, la capacidad intelectual del individuo.

Es en este punto, donde convergen algunas precisiones que merecen enumerarse dentro del contexto de los conceptos de la inteligencia general y el procesamiento neurobiológico de la misma. Numerosos reportes científicos, especialmente durante las últimas dos décadas indican que entre las interacciones principalmente involucradas en la manifestación de decisiones inteligentes, se encuentra asociada con mayor frecuencia la actividad generada por células piramidales de la corteza prefrontal (CPF) y su relación con la memoria de trabajo (*Cfr.* Parte IV, Aplicaciones de Alto Orden). Desde el punto de vista frenológico y siguiendo el procesamiento de alto comando cerebral que caracteriza la integración de las funciones cerebrales superiores, las áreas en cuestión estarían mayormente representadas por las áreas de Brodman AB 9-10 y 46 principalmente) , lo que indudablemente se asocia con la generación de altos niveles de conciencia y cognición (*Cfr.* Parte V. de éste libro).

Llama la atención entonces, la dicotomía obligatoria que persigue el predicamento sustancial asociado a la búsqueda del origen neurofisiológico de la inteligencia, -es genético? ó comportamental...-. Científicos de la talla de Marcus E. Raichle, pionero incuestionable de la neuroimagen para el avance sustancial de las neurociencias cognitivas, apoyan la idea que en la CPF, se integran irrebatiblemente, la emoción y la cognición: unidades -genéticas y conductuales- que conforman, influyen e identifican indubitablemente las particularidades relacionadas con (gF), la fluidez de la inteligencia general (Gray et al, 2002). Si el control cognitivo es dependiente de la actividad neuronal prefrontal, es claro que este mecanismo sigue los patrones elementales de la inteligencia artificial, es decir basados en el concepto lógico de la retroalimentación continua que brinda la memoria de trabajo, o lo que es lo mismo, la reverberación hebbiana traducida en el robustecimiento sináptico, que resulta de estar estimulando constantemente la recuperación de datos almacenados a corto plazo (Duncan et al, 2003). Sin embargo, es más importante considerar que este tipo de memoria, es sin duda, el sustrato que fundamenta la resolución de problemas basado en el carácter heurístico que caracteriza la retropropagación computacional (Cfr. Parte III).

La fluidez de la inteligencia general (gF), se asocia a los índices de conectividad efectiva de neuronas piramidales de la corteza prefrontal.

En este aspecto, surge entonces el concepto de Índice de Conectividad Efectiva (ICE). El ICE entre neuronas piramidales de la CPF en sus porciones laterales, puede ser el responsable –y el puente de unión- entre los cerebros evolucionados y las variables de la inteligencia general (Gray et al, 2003). A mayor ICE en CPF, mayor es la probabilidad de concretar tareas neurocognitivas complejas que determinarían la fluidez de la inteligencia general (ver Figura 1.14), lo que directamente implica AB 9, 10 y 46 como sitios específicos que generan conciencia autocrítica y pensamiento reflexivo (Cfr. Módulos 62 y 66).

Finalmente, es radical la necesidad de estandarizar nuevas pruebas de desempeño intelectual. Los clásicos creadores de renombrados "test de inteligencia" tuvieron gran influencia en el pasado siglo XX ((Binet & Simon, 1905, 1908; Wechsler, 1939; Cattell et al, 1941), pero las actuales necesidades de operatividad intelectual reclaman con urgencia nuevos paradigmas que evalúen profundamente la capacidad del individuo para resolver problemas y operar tecnologías propias del devenir evolutivo al que se enfrenta el siglo XXI.

La forma de evaluación de la inteligencia para medir IQ, debe ajustarse a la evolución social.

Actualmente, los neurocientíficos expertos en el campo, discurren sobre la adaptabilidad del test concebido por Raymond Cattell, *(Cattell Culture Fair Test of gF),* diseñado con tres unidades psicométricas, para evlauar las habilidades innatas de "gF", la inteligencia general de un individuo (Sternberg y Kaufman, 2011). Sin embargo, desde las postrimerías del pasado siglo XX, han venido también usando la prueba de Raven, con matrices progresivas de figuras que evalúan el razonamiento no verbal (Raven, 1998), modificando radicalmente las baterías clásicas para analizar las habilidades cognitivas en el humano (Hampshire et al, 2011).

Sin embargo, los tiempos actuales son demandantes en tecnología y los niveles de adaptación de los individuos y sociedades son tan diferentes como vertiginosos. En los últimos 10 años, los videojuegos de consola –que estimulan el desarrollo de redes neuronales visuoespaciales y estimulan la atención selectiva en milisegundos- se han minimizado a sofisticados dispositivos que editan video y son sensibles al tacto, pero que globalmente son manejados con gran destreza por jóvenes y niños. Los procesos de aprendizaje hoy, se realizan por videos y por "memes" provenientes de las redes sociales y los idiomas se pueden aprender por internet, con una gran gama de metodologías de enseñanza audiovisual.

A grandes rasgos, la evaluación de la inteligencia no dependerá de los medios, sino al contrario, de la capacidad de adaptación de las sociedades futuras. Las matrices de Raven que en los últimos años pudieron ser eficientes para medir gF, deben ser ajustadas a modelos tridimensionales y los arcaicos test psicométricos, deben consolidar otras estratagemas favoreciendo que el individuo aprenda de nuevo a fortalecer la memoria de trabajo y otras cualidades cognitivas elementales que se pierden a causa de éste mismo vértigo tecnológico.

La propuesta de un test de inteligencia más competitivo está basado en los procesos neuro biológicos que integran la generación del intelecto.

Para ello, se propuso un test de inteligencia, para evaluar la llamada "Inteligencia Operativa" (gO), que tiene cuatro unidades complejas relacionando pruebas dinámicas situacionales y adaptativas en milisegundos (Zambrano, 2012). La primera evalúa positivamente el grado de captación de las redes neuronales de la corteza prefrontal (CPF) en cuanto a las funciones de memoria de trabajo. El segundo punto del test, tiene que ver con el grado de concreción en cuanto a la toma de decisiones del individuo cuando se crea conflicto emocional proveniente de la corteza cingulada anterior (CCA) y la CPF. El tercero, evalúa el índice de conectividad y relaciones entre corteza visual, en las capas V que relaciona el movimiento de los objetos, con la interconectividad cortical temporo-parietal que coordina los movimientos visuoespaciales, y la cuarta unidad relacionada con los elementos de cognición social que el individuo desarrolla por naturaleza fenotípica y que deben ser evaluados profundamente frente al advenimiento de las tecnologías que favorecen un virtual aislamiento social, cambiando los patrones de interacción entre dos mentes.

La inteligencia operativa (gO), se evalúa con memoria de trabajo, cognición verbal, modelos visuo-espaciales 3D y toma de decisiones interactivas con matrices dinámicas en movimiento.

Por tanto, Neuroepistemológicamente, los test de inteligencia deben ser actualizados para garantizar de alguna manera, una posibilidad real de evaluar la evolución de la inteligencia a través del tiempo, debido a que lógicamente, las sociedades cambian y con ella, los niveles de adaptabilidad. El test de "inteligencia Operativa" (gO), cumple con los cánones del modelo de contingencias del circuito de Acción-Percepción de Joaquín Fuster (*Cfr. Hacia un nuevo procesamiento neuronal,* libro 12 de esta colección). En segundo lugar, evalúa el índice cognitivo de Error asociado a los modelos de memoria de trabajo; tercero maneja los grados de comprensión verbal con distractores emocionales para estimar el procesamiento cognitivo-emocional de la corteza cerebral y finalmente considera modelos de creatividad visuoespacial aplicados a la teoría de la mente y a la interacción social del individuo (Zambrano, 2012).

MÓDULO 4

LA NEUROIMAGEN, UNA ESTACIÓN DE RELEVO FUTURISTA.

La neurobiología computacional, en su concepto más fundamental y civilizado, tiene una respetuosa relación con el individuo creativamente racional, ofreciéndole la alternativa *sine qua non* de estudiarlo, pero también de modelar e implementar cualidades de funcionamiento análogas a las de su primitivo cerebro humano.

Gracias a los modelos computacionales, y a una exacerbada libido por la cibertecnología, en los últimos años se ha podido establecer una simulación muy exacta de muchos de los eventos cerebrales de procesamiento de alto orden, así como de la comprensión de grandes poblaciones neuronales, que en sus laboriosas conexiones sinápticas y organizados microcircuitos cerebrales, nos enseñan, cómo se relacionan para estructurar tareas fisiológicas complejas.

> La neuroimagen ha resultado un recurso bastante eficiente para entender el procesamiento de actividades cognitivo-emocionales e intelectuales.

Es interesante anotar que, si bien las neurociencias conductuales han sido muy ligadas a la localización de las funciones cerebrales, entre otros grandes objetos de estudio, es claro que los actuales conceptos de neuroimagen no podrían ser advertidos sin las contribuciones de científicos determinantes, que en su tiempo originaron la pauta de la investigación y discriminación de ciertas funciones en las estructuras cerebrales, aún dilucidándose en pleno tercer milenio.

TABLA 1.1

HITOS HISTORICOS DE LA NEUROIMAGEN *

1868	Franciscus P. Dunders, pionero en utilizar los conceptos de la cronometría mental. Adaptó por primera vez el método de la sustracción temporal, evidenciándolo como un componente fásico de la cognición en el análisis las tareas intelectuales. Gracias a su visionaria contribución, actualmente la sustracción de imágenes en un curso temporal es el procedimiento más eficiente para evaluar los diferentes aspectos de la función neural de alto orden, según la actividad observada en las diferentes estructuras cerebrales.
1875	El fisiólogo Richard Caton, realiza el primer registro de la actividad eléctrica cerebral en humanos y la pública en el primer volumen del *British Medical Journal.*
1879	Paul Broca, más conocido por sus trabajos previos sobre el lenguaje (1861), promulga elegantes evidencias sobre las variaciones de temperatura en el cerebro, durante actividad mental
1881	Angelo Mosso, registra las primeras pulsaciones en la corteza cerebral humana incrementadas durante actividad mental, concluyendo con casi un siglo de anticipación, que los cambios selectivos de la circulación cerebral obedecen a la actividad neuronal.
1890	William James cita por primera vez en su libro «Principios de Psicología», los trabajos de Angelo Mossso, apoyando la teoría que las funciones cognitivas dependen de una óptima circulación cerebral.

1890	C.S Sherrington y C. Roy, concluyen que hay estrecha relación entre el metabolismo oxidativo de la glucosa y el flujo sanguíneo cerebral (FSC) durante la actividad cerebral en animales.
1890	W. Roentgen realiza la más grande aportación a la neuroimagen por radiación ionizante, utilizando su primera máquina de rayos X.
1896	Leonard Hill, profesor del Colegio Real de Cirujanos de Inglaterra, publica en su obra sobre la circulación cerebral, que evidentemente toda función mental depende importantemente del riego sanguíneo cerebral.
1894-1901	Hans Berger y A. Mosso, demuestran que P. Broca tenía razón en sus inferencias que apuntaban a que las variaciones de temperatura en el cerebro, dependían del grado de actividad mental.
1928	Estando John Fulton en Boston, como residente de Neurocirugía bajo la dirección de Harvey Cushing en el Peter Bent Brigham Hospital, se comprueban las teorías enunciadas por L. Hill 30 años antes, en un caso clínico de Malformación ArterioVenosa en la región occipital que alteraba la función visual.
1929	Hans Berger realiza su aportación a la electroencefalografía. Son detectadas por métodos radiofarmacéuticos las primeras emisiones de partículas electrónicas con carga positiva o positrones.
1936	Linnus Pauling y C.D. Coryell describen por primera vez que las propiedades electromagnéticas de la hemoglobina dependen de la concentración de oxígeno, siendo este un principio visionario de las imágenes funcionales por resonancia.

NEUROBIOLOGIA DEL INTELECTO

1945-1948	Seymour Ketty y Louis Sokoloff, realizan las primeras cuantificaciones metabólico-cerebrales en el humano.
1946	Felix Bloch y Edward Purcell, basándose en los principios físicos del hidrógeno, observan el comportamiento de sus protones y el campo magnético que éstos generan, enunciando el advenimiento de lo que décadas después se conocería como Resonancia Magnetica.
1955	En plena década de la llamada revolución cognitiva, Will Landau y su grupo realizan los primeros protocolos de imágenes de riego sanguíneo en animales.
1963	Allan Cormack, teoriza basado en los principios de la radiactividad y enuncia el nacimiento de una nueva era de la neuroimagen: la tomografía axial computarizada.
1964	Se registran endógenamente los primeros potenciales relacionados a eventos. (ERPs)
1963-1965	David Ingvar y Niels Lassen utilizan los primeros detectores de centelleo radiactivo con ^{85}K, se realizan inyecciones intracarotideas de ^{133}Xe. Se evidencia el flujo sanguíneo regional en cerebros humanos.
1969	Michael Ter-Pogossian se vislumbra como un auténtico visionario de lo que es hoy la Tomografía por Emisión de Positrones, realizando experimentos pioneros detectando el consumo de oxigeno regional en humanos durante actividad tisular, utilizando un acelerador de partículas. Se construye la primera cámara de rayos γ con interfase computacional.

1973	Godfrey Hounsfield, con base en teorías de Allan Cormack introducen la tomografía computacional apoyada por tecnología de Rayos X.
1973	Paul Lauterbur perfecciona los datos de los nóbeles F. Bloch y E. Purcell, enunciados durante la segunda guerra mundial, basados en los planteamientos de Linnus Pauling, sobre la resonancia magnética.
1975	Primera cámara de Tomografía por Emisión de Positrones (TEP).
1977-1979	L. Sokoloff y sus colaboradores utiliza la deoxiglucosa para realizar experimentos de neuroimagen.
1979	G. Housfield y A. Cormack son laureados por la comisión Nóbel del Instituto Sueco de Karolinska en el área de fisiología y medicina..
1982	Casi 30 años después de los experimentos de W. Landau se realiza la primera autoradiografía que evidencia el flujo sanguíneo en humanos.
1986-1988	Se consolidan las tareas de análisis por sustracción en Tomografía por Emisión de Positrones por diferentes grupos de investigadores en neuroimagen.
1990-1992	Los trabajos por TEP localizan funciones cognitivas. El grupo de S. Ogawa plantea la creación del sistema de imágenes de Resonancia Magnética Funcional (RMf), basados en los niveles dependientes de Oxígeno en Sangre. (BOLD)
1995	Con apoyo en computación y RMf, se perfecciona, tras 30 años de trabajo, el registro grafico de los ERPs, utilizados para diagnosticar trastornos de la conducción nerviosa y descargas eléctricas corticales.

1988-1997	Un cúmulo de información y trabajos en su primera década, colocan a la TEP y a la RMf, como las herramientas más útiles para entender el funcionamiento de las actividades cognitivas en el hombre, perfeccionando el campo de la neuroanatomía computacional.
1996-2003	Las explicaciones científicas apuntan a que la relación entre neuroimagen y Flujo Sanguíneo Cerebral, desde el punto de vista de la estructura neuronal, dependen mayormente de la función metabólica y glicolítica de los astrocitos.
2003	Paul Lauterbur y Peter Mansfield, reciben el premio Nóbel en medicina por sus contribuciones a la consolidación del desarrollo de la imagen por resonancia magnética.
2006-2015	Avances contundentes en tractografía, para combatir enfermedades desmielinazantes y neurodegenerativas como el Alzheimer.

* Datos tomados del coloquio: «Neuroimagen de la Función Cerebral Humana», organizada por Michael I. Posner y Marcus E. Raichle, entre Mayo 29 y 31 de 1997; patrocinada por la Academia Nacional de Ciencias en el Arnold & Mabel Beckman Center de Irvine, California, EU.

Para 1784, Iuriy Prochaska enunciaba con cierta ventaja visionaria las relaciones que podrían tener estructuras endocorticales como el tálamo, con la corteza para realizar funciones importantes de la mente. Casi un siglo después, Bartholow, Fritsch y Hitzig evidenciaban los primeros correlatos eléctricos de la actividad cortical regional que sugerían algunas manifestaciones neurales con la actividad humana (*Cfr.* Libro IV).

Aunque el principio de entender los sucesos del pensamiento con un perfil cronométrico fue advertido primeramente, por el profesor Franciscus P. Dunders, no fue sino hasta la creación de tecnologías avanzadas, como la Tomografía por Emisión de Positrones, o la RMf, que pudo evidenciarse la relevancia de comprender que algunas funciones cerebrales tenían fases de instalación por tiempo, de acuerdo con su estructura y localización cerebral, lo que es estudiado actualmente con técnicas más sofisticadas, en las que el análisis por sustracción computacional se convierte en un arma integrativa para analizar, con determinación científica, cada uno de los eventos neurofisiológicos sistémicos que es capaz de generar el cerebro a través de cada una de sus estructuras operantes.

Cuando los protones de hidrógeno pertenecientes al tejido cerebral, se alinean vectorialmente en un campo magnético: emiten ondas. Ese es el principio de la resonancia magnética.

La neuroimagen orientada a la función cerebral depende de varios hechos importantes, entre los que destacan mayormente, su comprensión radical como un órgano de consabido carácter eléctrico a través de sus componentes neuronales, el advenimiento de la técnica de Rayos X, la cuantificación y obtención de radionúclidos trazadores de naturaleza radiactiva, y la emisión de partículas positrónicas, la anihilación (efecto que sobreviene a una colisión de unidades subatómica), y la detección de sustratos metabólicos como oxígeno y glucosa, y sus correlatos con partículas sanguíneas como los componentes hemoglobínicos, importantes para identificar procesos específicos durante complejas actividades neurales. No puede faltar la participación de métodos analíticos a partir de protocolos computacionales (como la sustracción y la diferencia de actividad), que permiten la exactitud en la determinación y diagnóstico de un evento.

Para la década de 1970, Allan Cormack y Godfrey Newbold Hounfield revolucionan la tecnología de la imagen, acercando al humano un poco más a las fronteras de la tecnología con la capacidad de analizar sus estructuras neurales desde el punto de vista de la neuroimagen, utilizando los principios de radiación ionizante descubiertos por Roentgen. La tomografía computada de rayos X, un estudio que se hace en corto tiempo, garantizaba, independientemente del notable avance en la observación de partes internas nunca antes vistas del cerebro, considerar también la integridad de la barrera hematoencefálica. Tal beneficio permite localizar con relativa exactitud los sitios de trauma agudo, desórdenes tisulares como edema agudo cerebral, dilataciones ventriculares e hidrocefalia, hemorragias agudas y crónicas, así como la identificación de masas ocupativas, en virtud de la perfección de técnicas radiológicas como la utilización de un medio de contraste a través de vasos sanguíneos; hasta llegar a la óptima resolución de las circunvoluciones que se puede observar con la resonancia magnética funcional (RMf), cuya mayor ventaja para la salud humana radica en que no produce radiación ionizante, tiene alto contraste para escala de grises y perfecciona el acceso a componentes vasculares.

Las peculiaridades de la imagen por resonancia magnética de un tejido vivo tienen sus principios en las señales que son producidas por los protones que componen la masa encefálica. El protón

La resonancia magnética revolucionó positivamente la exploración de la función cerebral, habilitando imágenes de gran resolución.

es considerado un núcleo presente en los átomos de hidrógeno, e interactúa con flujos electromagnéticos, emitiendo ondas cuya unidad se mide en Teslas (la unidad de flujo magnético descrita por el físico Nikolaus Tesla, en el s. XIX). Los protones en estado libre presentan actividad aleatoria sin un polo que los identifique; pero al actuar bajo campos magnéticos, se direccionan en axis, semejando vectores, los cuales ejercen fluidos magnéticos horizontales y verticales. Cuando un campo magnético vertical es inducido sobre el tejido, los protones se alinean en forma vertical; un segundo pulso de radiofrecuencia se forma en un plano horizontal, lo que finalmente crea un campo magnético dependiente de resoluciones temporales que genera corriente eléctrica y pulsos de radiofrecuencia, debido al movimiento protonal, originando dos constantes de tiempo, conocidas por los radiólogos como T1 y T2, que traducen diferencias en la imagen final y tienen como sentido diferenciar diagnósticos, sólo observables a grandes rasgos por su alta resolución espacial, traducida en una gran gama de tonalidades cercana al espectro del gris.

Nikolaus Tesla
1856-1943

Visionario de la inducción de flujos magnéticos y la transmisión de energía sin cables conductores.

La diferencia en tiempo, tanto de T1 como de T2, señala un estado de relajación que ocasiona un desfase debido a la rotación y alineación de protones dependiente del campo magnético, y la misma intensidad de radiofrecuencia. Este desfase ocurre con relativa rapidez y en T2 se presenta una curva de decaimiento horizontal, mientras que en T1 se produce una magnetización vertical y, por tanto, una curva exponencial que se incrementa con respecto al tiempo, denominada curva de recuperación.

Esta disposición vectorial de los protones facilita una mejor exploración tridimensional del tejido, localizando estructuras difíciles de ubicar gracias a la estructuración de sus tres axis, por lo que puede medirse en cortes muy precisos. Aunque es un estudio que se antoja de mayor duración temporal (en comparación con el rastreo que se realiza con la TAC), sus ventajas son muy claras, sobre todo en estructuras superficiales y profundas del encéfalo, donde hay una perfusión cerebral mayor y se pueden observar incluso trayectos de fibras nerviosas, al igual que la integridad de la barrera hematoencefálica. La RMN es muy útil para el diagnóstico de enfermedades desmielinizantes, como la esclerosis múltiple, y en padecimientos neurológicos como la siringomielia; asimismo, puede ubicar con mejor claridad focos epileptógenos, así como trastornos degenerativos, y brindar un panorama general de mapeo cerebral muy didáctico, que puede utilizarse como herramienta de planeación previa a procesos de intervención neuroquirúrgica.

> La RMf, requiere para su optimización funcional, de trazadores análogos a compuestos orgánicos

En cuanto a las ventajas de la RMf, se requiere de un trazador que semeja la hemoglobina endógena, y de esa manera evidencia con excelente exactitud daños neurológicos, con lo que reemplaza las ventajas de la angiografía por contraste, que se realizaba hace un par de décadas. Igualmente, es útil en la investigación de las actividades cognitivas, primariamente de cortezas de asociación sensorial, gracias al llamado complejo BOLD[11], que involucra la dependencia del nivel de oxígeno sanguíneo y que modificó

---

[11] Por sus siglas en inglés, Blood Oxigen Level Dependent.

sustancialmente, durante la década pasada, la perspectiva de estudio en este campo, haciéndolo más eficiente (Ogawa *et al*, 1990). Cuando se activan las células presentes en el tejido cerebral, el suministro de sangre parece incrementarse hacia las áreas de mayor trabajo, aumentando el gasto metabólico, el consumo de oxígeno, y la actividad asociada a los procesos de deoxihemoglobinización de un área específica. Lo anterior causa mayor desfase que la oxihemoglobina, e igualmente traduce cambios en las señales de flujo magnético emitidas desde los protones que se encuentran en cada microfracción tisular, semejando las actividades de decaimiento que se presentan en la clásica RMN, pero asociadas a la dependencia de oxígeno (Kwong *et al*, 1992; Malonek & Grinvald, 1997). Durante los últimos años, los científicos han apostado a que esta relación entre neuronas y oxígeno sanguíneo depende prácticamente de la actividad astrocítica.

El metabolismo astrocítico es esencial para que se generen buenas imágenes de RMf, provenientes de aminoácidos excitatorios como el glutamato.

La explicación de la traducción de la neuroimagen desde la óptica neuronal se plantea a partir de las observaciones en los fenómenos metabólicos que son generados en astrocitos. Pierre Magistretti y su grupo elucubran sobre el particular, refiriendo que la actividad neuronal estimulada por neurotransmisores excitatorios como el glutamato incrementan el metabolismo glicolítico de esta estirpe celular. La energía proveniente de la glucólisis es utilizada como reciclaje entre la mayoría de las neuronas llamadas de soporte (Tsacopoulos & Magistretti, 1996; Raichle, 2003). Por lo tanto, el astrocito juega un papel crítico como punto de unión entre neuronas y vasos sanguíneos, orquestando los cambios en el flujo sanguíneo cerebral asociados con la actividad neuronal (Zonta *et al*, 2003).

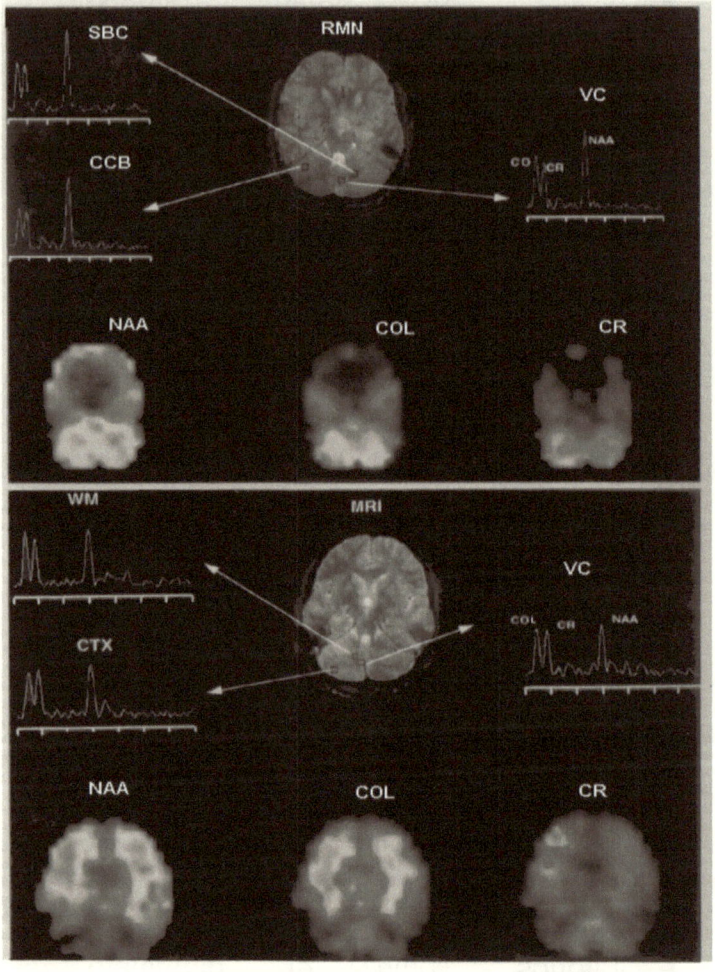

Fig 1.16 Espectroscopía por resonancia magnética en un cerebro humano normal. Nótense la actividad de los sustratos dependientes de fosfatos como colina (col), Creatina (Cr) y N-acetilaspartato (NAA). La relación de la imagen de RMN es para la sustancia blanca cerebelar (SBC) el vermis (VC) y la corteza cerebelar (CCCB) (Tomado de Tedeschi *et al*, 1996).

A diferencia de las técnicas hermanadas por la actividad resonante producida por la trama neuronal en su conjunto, la Espectroscopía por Resonancia Magnética (MRS)[12] es un proceso no invasivo que requiere de fósforo radiactivo ^{31}P, para mostrar imágenes asociadas a la función cerebral. En general, el elemento más sustancial para el funcionamiento de la MRS es el ión fosfórico que, según la traducción metabólica que se busque evidenciar, requiere principalmente de ATP y Fosfocreatina. Su mejor desempeño se ha observado en modelos animales de isquemia, con algunos roedores de laboratorio llamados Gerbos, quienes presentan modificaciones -con respecto a los humanos-, en la arquitectura vascular del polígono de *Willis*.

Sus principios de eficiencia dependen mayormente de la reconocida carga energética de los fosfatos; su espectro básico de funcionamiento corresponde al N-acetilaspartato (NAA) y su unión a la actividad de la colina (Col) y de la creatina (cr), glutamato, glutamina, etc; neuroquímicos que modifican la captura de glucosa y el consumo de oxígeno a nivel tisular cerebral. Algunas limitaciones de la MRS son su incapacidad para detectar macromoléculas como fosfolípidos y mielina, así como detectar neurotransmisores del tipo Acetilcolina, Dopamina y Serotonina, ya que su concentración oscila por debajo de los 0.5 y 1 mM del nivel requerido para la detección de protones por esta técnica (Toga & Mazziotta, 1998).

La Espectroscopia por Resonancia Magnética tiene limitaciones en la detección de macromoléculas como la mielina. Sin embargo, resulta de gran valor diagnóstico en esclerosis múltiple y enfermedades similares.

---

[12] Por sus siglas en inglés, *Magnetic Resonance Spectroscopy*.

Una de las notables aplicaciones de la MRS es el estudio de la función cerebelar y del tallo cerebral, que puede ayudar a detectar padecimientos incluso de índole neuroquirúrgica, en los que comúnmente se elevan la colina o el mioinositol por proliferación glial, sugiriendo actividad tumoral. Desde el punto de vista neurológico, puede ser útil en casos de neurodegeneración, atrofia cerebelosa, y ataxia espinocerebelar, la cual se detecta por marcadores tipo NAA/Cr y Col-Cr)

Los estudios de neuroimagen siempre van ligados a los índices de perfusión tisular, que finalmente son los que explican, cualquier cambios en el tejido cerebral.

La tomografía computada por emisión fotónica (SPECT)[13] es, sin duda, una herramienta de neuroimagen orientada a evidenciar todos los problemas que se vinculen con la perfusión tisular, entre los que destacan la detección de estados isquémicos, además de procesos neurodegenerativos, focos convulsivos, o trastornos del movimiento asociados a cronicidad patológica, respetando siempre la imagen íntegra de la barrera hematoencefálica. Pese a que es un método de imagen fisiológica que refleja la actividad hemodinámica y química de la función cerebral, con la ventaja de estar ampliamente disponible en el área clínica, su inconveniente se fundamenta en los principios radiactivos que requiere para reflejar imágenes, su muy baja uniformidad en la resolución de imágenes integrales y la reducida resolución temporal.

---

[13] Por sus siglas en inglés, *Single Photon Emission Computed Tomography.*

4.1 LA ANTIMATERIA AL SERVICIO DE LA NEUROIMAGEN.

Durante el primer tercio del pasado siglo XX, vanguardistas investigadores en fisico-química atómica advertían sobre la probabilidad real de detectar, por metodología de radiofarmacia, sustancias trazadoras radiactivas que podrían ser compatibles con el funcionamiento orgánico de ciertas especies, basados en principios de antimateria y con partículas muy pequeñas que reciben particularmente el nombre de positrones: electrones con carga positiva, y no negativa como la física clásica lo consideraba.

La detección de otros procesos y el avance constante en este campo dieron por fin frutos hacia mediados de siglo, cuando se realizaban experimentos con autorradiografía en animales, y se podía medir el consumo de oxígeno a nivel cerebral en humanos, mediante sustancias conocidas como radiotrazadores, que podían extraerse de aceleradores de partículas atómicas y obtener primariamente ^{11}C, ^{18}F, ^{15}O y ^{13}N, a partir de H_2 ^{15}O y ^{18}F deoxiglucosa (Ter Pogossian, 1969).

^{15}O 2 min
^{13}N 10 min
^{11}C 20 min
^{18}F 110 min

Fig. 1.17 Michael Ter-Pogossian, poniendo a punto su ciclotrón. Marcus Raichle y Michael Posner, científicos vanguardistas que contribuyeron al desarrollo de la Tomografía por Emisión de Positrones. A un lado, la vida media aproximada de los principales radionúclidos.

Así surge la Tomografía por Emisión de Positrones (TEP), más como una necesidad que como herramienta de diagnóstico.

La TEP se asume como una técnica para la obtención de imágenes del funcionamiento metabólico cerebral, a partir de la medición de su riego sanguíneo (FSC), y sustentado en principios radiactivos como la emisión de electrones con carga positiva. Sus procedimientos fundamentales se basan en la obtención de radionúclidos, siguiendo metodologías muy precisas y con apoyo del clásico ciclotrón, capaz de acelerar el movimiento de partículas subatómicas y el aislamiento por praxis radiofarmacéuticas de las respectivas vidas medias de los isótopos radiactivos, particularmente flúor, carbono, oxígeno y nitrógeno, o de sus mezclas, como la deoxiglucosa. El hecho de aumentar tan sólo un protón -al conjunto de protones y neutrones físicamente estable en un átomo, que es igual en sus constantes numéricas- produce una relativa inestabilidad atómica, ocasionando que estos isótopos radiactivos extiendan sus vidas medias de minutos (^{15}O = 2 min) a horas (^{18}F = 1hr 50 min), y exhibiendo, de hecho, una exponencial de decaimiento funcional con respecto al tiempo.

El positrón (electrón con carga positiva) detecta -con el apoyo de trazadores radiactivos- actividad metabólica presente en el flujo sanguíneo cerebral. Los radionúclidos impregnan el tejido orgánico, y así, se genera la imagen.

Estos núclidos radiactivos se convierten en trazadores, administrados en pequeñísimas cantidades a sujetos de estudio, impregnando regiones específicas del tejido cerebral y brindando una posibilidad muy precisa del mapeo tridimensional tisular, al valerse de la afinidad por el oxígeno y otras moléculas presentes en su riego sanguíneo. El factor físico-químico que se genera al colisionar un electrón con un positrón causa la llamada anihilación bidimensional[14], cuyo objetivo es producir rayos γ (estímulo fotónico a ser detectado), entre los 3 y 8 milímetros, lo que otorga la resolución espacial característica de las imágenes por esta metodología.

Para su detección se requiere de un aparato de centelleo que absorbe la radiactividad isotópica y emite un pulso de luz, medido y registrado por un sistema fotoeléctrico capaz de procesar la emisión de los mencionados rayos γ. El interior de este tipo de tomógrafos está constituido por múltiples anillos, con un gran número de detectores llamados tubos multiplicadores. Cada uno de estos detectores está conectado a su vez en circuitos coincidentes en el mismo, o en diferentes anillos. Después de innumerables conexiones por atenuación, la información obtenida por cada detector se utiliza para construir una serie de proyecciones, que representan la distribución tridimensional de la radiactividad regional, y así, finalmente se integra la imagen (Aminoff & Daroff, 2003).

Con la TEP, se puede ubicar exactamente el área de mayor actividad neuronal gracias a su sensibilidad para cuantificar el consumo metabólico específico en determinada zona.

Con la evidencia neurofisiológica de la importancia del FSC en actividades mentales desarrollada por destacados científicos suecos a mediados de los sesenta (ver Tabla 1.1), se realizaron experimentos midiendo tal actividad metabólica incluso en pacientes en estado crítico, con hiperventilación neurogénica, lo que abrió el campo de la probable

---

[14] Al chocar dos partículas subatómicas (electrón ~ positrón), resulta una radiación electromagnética a 180° en forma de dos fotones en direcciones opuestas, generando, cada uno, una energía de 511 KeV.

aplicación de la neuroimagen en la clínica (Raichle *et al*, 1970). Con el advenimiento y aplicación de la tecnología de los aceleradores de partículas, Michael Ter Pogossian y su grupo obtienen las primeras imágenes *"In vivo"*, empleando radionúclidos como el ^{11}C (Raichle *et al*, 1973), que luego se perfeccionarían en los tomógrafos por emisión de positrones, convertidos actualmente en una de las herramientas fundamentales para entender los procesos cognitivos de alto orden que se originan en las diversas estructuras cerebrales.

4.2 OTROS MÉTODOS DE MAPEO CEREBRAL

El uso combinado de metodologías de neuroimagen con registros electrocorticales o de magnetoencefalografía (MEG) es altamente recomendado cuando se buscan resultados destinados a comprender, de manera específica, funciones cognitivas y fases de procesamiento audiovisual, en particular para la estimación de la especificidad espacio temporal de eventos en los que se ven implicados los fenómenos concienciales, de atención, memoria, e incluso el procesamiento somático-sensorial. El uso de MEG y EEG, a modo de mapeo electroencefalográfico, promueven constantemente el desarrollo de sistemas de registro que tienden a ser día a día más vanguardistas para la obtención de resultados cada vez más precisos. Si bien estos dos métodos electrofisiológicos, en sus inicios, tenían como función fundamental ayudar a comprender los fenómenos electrocorticales presentes en varios padecimientos -entre otros, epilepsia-,

Con la magneto-encefalografía, se pueden correlacionar las oscilaciones tálamo-corticales que identifican el principio neurobiológico de la conciencia.

actualmente son muy útiles en diversos campos de rigurosa investigación, donde su alta resolución temporal resulta idónea para comprender sustratos imprescindibles de la neurofisiología integrativa.

La MEG provee nuevas dimensiones para entender el universo funcional del cerebro con una mejor resolución espacial que el mismo EEG. El fundamento de su operatividad descansa en la presencia de modificaciones a campos magnéticos secundarios a la actividad eléctrica propia del encéfalo, lo que ocasiona que tal neuromagnetismo genere un dipolo de corriente equivalente (ECD), que puede ser analizado algorítmicamente de manera aleatoria y con base en sus cambios de posición y orientación. Esto termina por conformar un patrón subyacente comparable a un campo magnético específico. En la mayoría de los casos, dos o más dipolos servirán para el análisis de datos a través de sistemas computacionales, lo que requiere en ocasiones de complementos no sólo de EEG, sino también de TEP, o de RMN y RMf .

La MEG basa su efectividad en las corrientes dipolo de los campos magnéticos generados por la actividad neuronal.

Los campos magnéticos generados por el cerebro humano fueron medidos por primera vez gracias a experimentos recurrentes, en los que se evidenciaba que el área tisular nerviosa, compuesta mayormente por triglicéridos y proteínas, era capaz de generar ondas tipo α entre 9 y 12 Hz (Cohen, 1968). Igualmente, a principios de los años 70, se desarrollaron los sensores cuánticos superconductores[15], mejor conocidos como SQUID, por el grupo de J.E. Zimmermann y J.E. Harding, perfeccionando los registros hasta llegar a ser cuantificada la actividad en tiempo real (Näätänen et al, 1994).

La MEG puede ser utilizada para identificar los *inputs* sensoriales que se generan durante diferentes estados de conciencia.

El campo magnético producido por un solo potencial postsináptico es muy débil para ser detectado fuera del cráneo; no obstante, lo que está registrando es la actividad coherente de un cúmulo neuronal que, además, se mide en celdas que conforman un casco, como se evidencia en la gráfica. Los objetivos de medición pueden realizarse en cortezas sensoriales visuales, mapeando función retinal, e incluso funciones del lenguaje dependientes de corteza auditiva, y hasta procesos de reconocimiento de vocales, en su modalidad de conjunto audiovisual. De igual forma, la organización somatotópica de la corteza somatosensorial primaria ha sido registrada desde hace más de dos décadas de manera casi rutinaria (Okada & Tanebaum, 1984.). De esta forma, la MEG, al medir tonos musicales asociados a la memoria y a la actividad sensorial, se perfila como una metodología muy útil en procesos de alta cognición como memoria e imaginación.

---

[15] En el apéndice «Y», (tomos finales), se enuncian algunas disertaciones aplicativas de la física cuántica y de los superconductores a las neurociencias, partiendo de los fundamentos físico-químicos observables en la comunicación nerviosa.

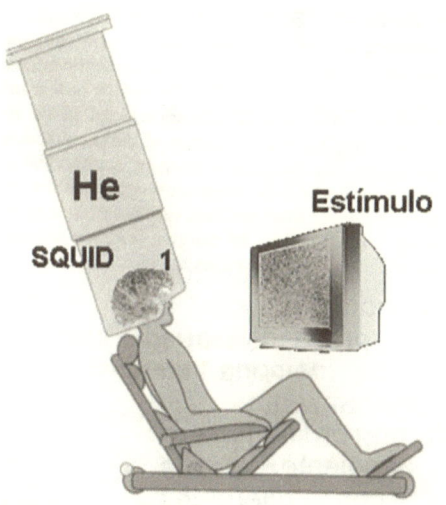

Fig. 1.18 Elementos de la MagnetoEncefaloGrafía, MEG. El campo magnético alrededor de la región activa (1) es medido con un dispositivo de 122 canales con sensores superconductores de orden cuántico, llamado SQUID (Por sus siglas en inglés, *Superconductor Quantum Interference Device*). El magnetómetro de este esquema, diseñado en la Universidad Tecnológica de Helsinki, contiene sus sensores en una cámara de Helio (He) líquido a una temperatura de 4 K, a 20 mm de la gálea craneal. En B, mientras que el sujeto recibe un estímulo visual, las señales del campo magnético son registradas por los canales del casco, que miden áreas específicas cerebrales según el grado de actividad en unidades de flujo magnético muy pequeñas, equivalentes a 10^{-15} teslas (femtoteslas), en un promedio de entre 90 y 200 milisegundos (Modificado de Näätaänen *et al*, 1994 y Toga & Mazziotta, 1998).

El registro de la actividad neuromagnética del cerebelo humano, se ha medido hasta la actividad postsináptica espino-cerebelar, en rangos menores a los 20 milisegundos. Estos datos apoyan la importancia del tracto espino-cerebeloso en la conjunción de funciones existentes entre la médula, el tálamo y la corteza sensorial, a través de relevos cerebelares que evidencian incluso actividad neuronal anticipatoria, durante el fenómeno fisiológico estudiado como "omisión somatosensorial" (Tesche & Karhu, 2000).

En experimentos de atención selectiva, también ha sido utilizada la MEG, así como en procesos que involucran los sistemas de memoria; su consolidación, almacenamiento y recuperación, asociada primordialmente a memoria auditiva dependiente de la discriminación tonal, con diferentes protocolos experimentales que han evidenciado una dependencia de la memoria con la corteza supratemporal auditiva (Huotilainen *et al*, 1993). Una de las aportaciones más grandes de la MEG a las neurociencias es que los científicos han recurrido a ella frecuentemente para evidenciar las oscilaciones tálamo-corticales de 40 Hz que identifican la fenomenología conciencial (*cfr. Parte V*).

Bajo rigurosos protocolos de neurociencias cognitivas, la MEG puede ser útil para registrar la actividad neuronal durante la atención selectiva.

4.3 AVANCES EN MAPEO ELECTROENCEFALOGRÁFICO Y NUEVAS TÉCNICAS 3D

El mapeo electroencefalográfico se ha convertido durante los últimos años en una herramienta muy utilizada en la clínica de padecimientos neurológicos, con el fin de encontrar focos epileptógenos y planear estrategias neuroquirúrgicas, resolver encefalopatías, procesos neurodegenerativos, y hasta en procesos cognitivos vinculados con la neurolingüística. Sus ventajas son las clásicas enunciadas por Richard Caton en 1875, y muy bien defendidas 50 años después por el alemán Hans Berger, a quien se le atribuye la estructuración del EEG moderno. A diferencia de la mayoría de los métodos de neuroimagen convencional, este tipo de mapeo no depende de radiación ionizante, y tiene una alta resolución temporal, aunque baja resolución espacial, con excepción de la localización de focos anómalos de actividad electrocortical (ver Fig. 1.19). Los avances en el mapeo electroencefalográfico han llegado a servir también para medir actividad cognitiva de alto comando, como la llamada memoria de trabajo, en cuyos protocolos se ha recurrido a la cuantificación de potenciales evocados de alta resolución (Gevins *et al*, 1997).

La Estimulación Magnética Transcraneal (EMT) identifica la actividad motora de la corteza cerebral, permitiendo el correlato fisiológico existente entre el encéfalo, el tallo y la médula espinal del ser humano *in vivo*, ayudando a la comprensión de las interacciones cerebro-cerebelares. Con ella se ha conocido la importancia del núcleo fastigial en la generación de los movimientos sacádicos, involucrando las estructuras cerebelares en procesos atentivos de alto orden. La EMT en el vermis óculo-motor de humanos produce hipermetría, y aceleración de los movimientos sacádicos, lo que sugiere que los lóbulos Vi y VII del vermis posterior controlan fases asociadas con el enfoque ocular, que se genera durante la atención selectiva (Ohtsuka & Enoki, 1998). Asimismo, se ha logrado evidenciar por este método una trascendental participación de la corteza parietal derecha en procesos atentivos (Koch *et al*, 2005).

La Estimulación Magnética Transcraneal (EMT) es el método de estudio que actualmente ofrece la mejor alternativa para la comprensión del procesamiento de la función motora del sistema nervioso en forma integrativa.

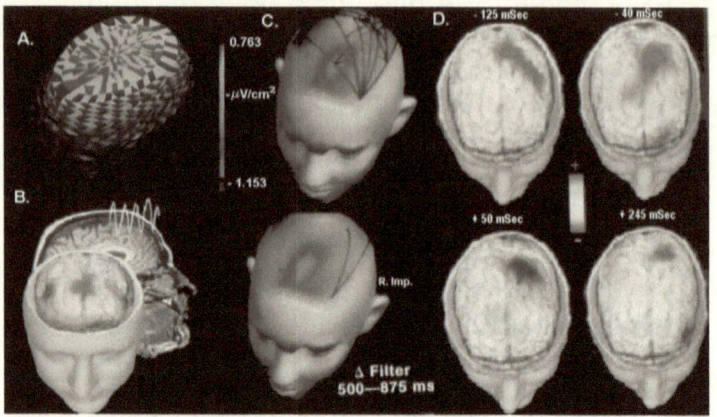

Fig. 1.19 Ejemplos de mapeo cerebral. En A, construcción de los elementos "finitos" para un modelo de mapeo. Estos corresponden a la gálea, cráneo y tejidos cerebrales que se indican en azul, verde y rojo, respectivamente (con elementos alternantes en amarillo). Tomado de Thatcher *et al*, 1994. B, Actividad electroencefalográfica durante una tarea cognitiva de memoria de trabajo cuyo modelo de origen corresponde a la corteza cingulada anterior. La flecha en el corte sagital de RMN indica la localización del dipolo para capturar los datos del registro. C, mapeo durante tareas cognitivas que se realizan entre 500 y 875 ms y en D, actividad cortical del giro postcentral tomando potenciales relacionados al movimiento en un registro electroencefalográfico de 128 canales en un transcurso de 250 ms (A partir de Gevins, 2002).

La importancia fisiológica de esta metodología radica en la identificación del tiempo de conducción motor central (TCMC), la capacidad que tienen ciertas estructuras para conducir la información motora desde vías espinales hasta la corteza, atravesando estructuras cerebelares e intracorticales como tálamo y ganglios basales, que participan en el movimiento, con una magnitud de resolución cercana a los seis milisegundos. Pacientes con ataxia severa han demostrado prolongar cierta actividad de la corteza motora cerebral cuando han sido estimulados electromagnéticamente; esto se debe a la conocida función de que la activación de áreas cerebelares genera un disparo neuronal en corteza motora. Algunos estudios actuales se orientan a la importancia de esta relación entre la estimulación magnética de áreas cerebelares y la respuesta de centros motores corticales asociados con la actividad conocida de los ganglios basales, y al conocimiento de si éstos pueden ser activados también por EMT, en un interesante mecanismo donde aparece inhibición de actividad intracortical cuando hay trastornos cerebelares (Tamburin *et al*, 2004).

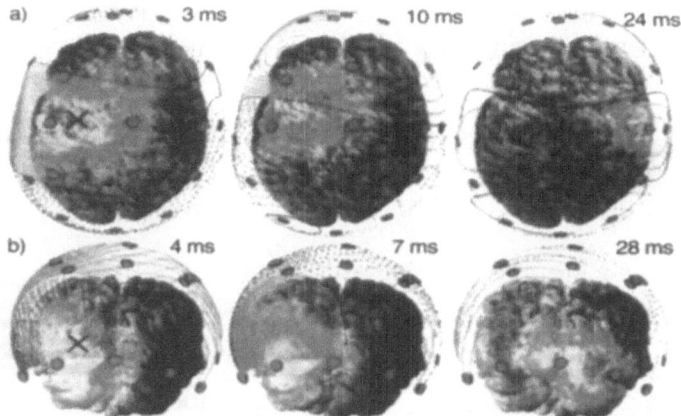

Fig. 1.20 Actividad Neural inducida por EMT. Nótese la respuesta en lóbulo occipital que se presenta en los primeros 4 ms después de la EMT marcada por una "X" (cerebros de 3 y 4 ms). A los 7 ms, hay una extensión ipsilateral de la actividad, y a los 28 segundos, la actividad occipital ha pasado hacia el otro hemisferio (Modificado de Ilmoniemi *et al*, 1997).

4.4 TÉCNICAS ECO-PLANARES Y DE DIFUSION TENSORIAL: LA TRACTOGRAFIA.

La resonancia magnética ha sido reinventada en términos matemáticos, con diferentes técnicas y abordajes, con el fin de lograr cada vez más, mayor resolución en las imágenes.

Uno de estos hallazgos, sin duda es la tractografía. Un método mayormente bidimensional a partir de RMN que se utiliza para seguir *in vivo* y con un difusor como el agua (Le Bihan & Breton, 1985; Le Bihan, 2006), las fibras de sustancia blanca del sistema nervioso que funcionan como tensor vectorial (Moseley, 1990) y es utilizada en clínica para evaluar trastornos neurodegenerativos, desmielinizantes, búsqueda de tumores y padecimientos como la esclerosis lateral amiotrófica o la esclerosis múltiple, entre otros padecimientos, o incluso para predecir neurodesarrollo en infantes pretérmino (De Bruine, et al, 2013).

La tractografía, se basa en la difusión tensorial de la imagen con los principios de la resonancia magnética.

Este procedimiento tiene bases matemáticas y computacionales. Se hace mediante el cálculo del tensor de difusión (DTI, *Diffusion Tensor Imaging*) (Le Bihan & Breton, 1985), lo que produce una exactitud y resolución anatómica sorprendente en cualquiera de los tractos del SNC (Moseley et al, 1990; Basser et al, 1994, Park, 2003), ya sea disecando la vía óptica, fibras espino-corticales, el cuerpo calloso o la cisura calcarina, como lo hiciese didácticamente Thomas Conturo del grupo de la Universidad de Washington en Missouri, liderado por Marcus Raichle (Conturo et al, 1999).

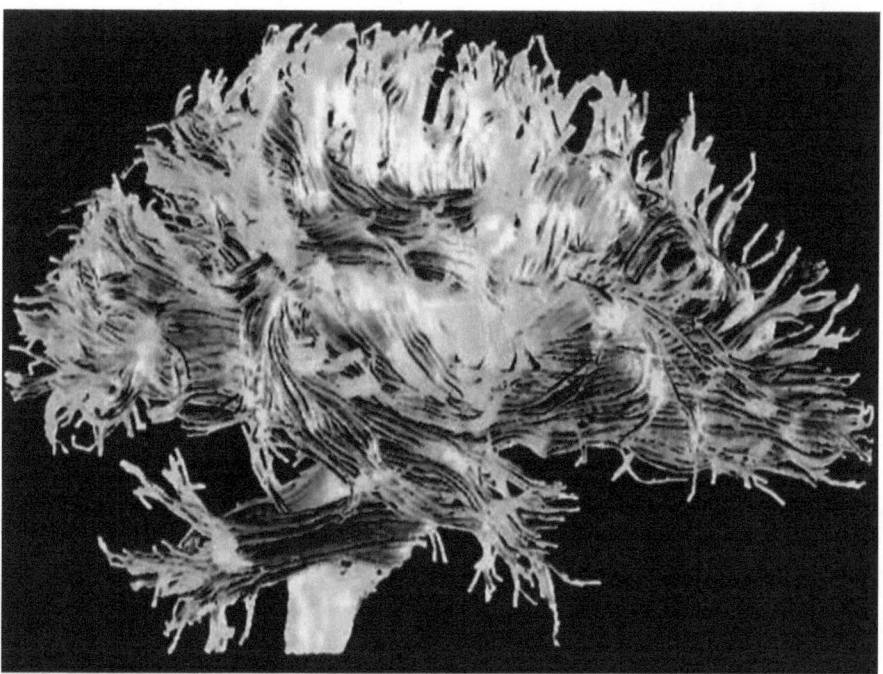

Fig. 1.21 Primeros tractografías globales de la sustancia blanca, aún con rasgos bruscos en la resolución de las fibras (Modificado de Park, 2005)

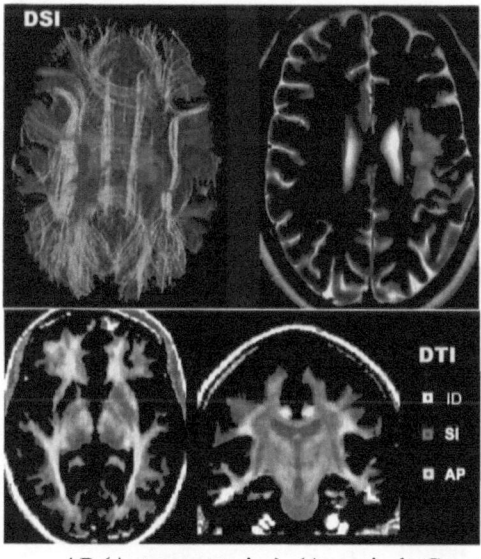

Tractografías en el diagnóstico de lesiones cerebrales. Comparación de calidad y cantidad de información entre las imágenes por difusión espectroscópica (DSI) y entre las que se utilizan aplicaciones tensoriales (DTI). En la parte superior se muestra un paciente con malformación cortical focal de predominio izquierdo. En el correlato inferior se aprecia la orientación de las fibras y su direccionalidad. ID (Izquierda - Derecha). SI (superior – inferior) AP (Anteroposterior). (A partir de Grant, 2005

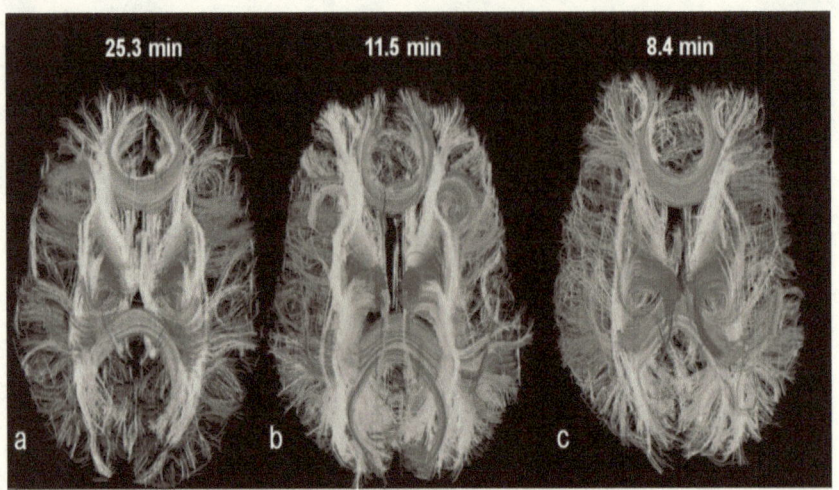

Fig. 1.22. Secuencias de pulsos en tractogramas ecoplanares (EPI), midiendo el grado de difusión espectral. (Human Connectome Project, GWU-Minn, Feinberg, 2010, Moeller, 2010)

El procesamiento de las imágenes a partir de metodologías ecoplanares (Mansfield, 1977, Turner et al, 1990), ha evolucionado, hasta llegar a obtener imágenes 3D y bidimensionales en fracciones de segundo (400 a 800 ms) con flujos magnéticos entre 3 y 7 Teslas (Feinberg et al, 2010). El perfeccionamiento de estas DTI, durante los últimos años ha conducido al fortalecimiento del proyecto conectoma humano (Sporns et al, 2005; Hagman et al, 2008; Toga et al, 2012, Van Essen et al, 2013), apoyado por el NIH e instituciones pioneras en neuroimagen como el LONI (*Laboratory of Neuroimaging*) de Arthur Toga en la UCLA, o el Consorcio GWU- en San Luis Missouri con David Van Essen entre otras, teniendo como resultado, consolidar la iniciativa "BRAIN" (*Brain Research through Advancing Innovative*

Neurotechnologies), en el que se busca constantemente nuevas aplicaciones de estos "conectogramas" por difusión tensorial.

En resumen, los datos cuantificados región por región en cada DTI, traducen el índice de conectividad de un área cerebral que ayuda a identificar microcircuiterías en el SNC, calculando envejecimiento, desarrollo tisular en primeros años de vida y enfermedades neurodegenerativas que a futuro, podrían servir para identificar procesos diagnósticos y neuropatológicos como el Alzheimer (Canu, et al, 2013), la esquizofrenia o las previamente citadas enfermedades desmielinizantes.

Fig. 1.23 Fibras de sustancia blanca en Tractografía global del cerebro, con tecnologías ecoplanares y de difusión espectral, DSI (Modifcado de Toga, A, LONI-HCP, 2013)

Frente a los retos analizados previamente respecto a la neurobiología molecular como herramienta evolucionista de las neurociencias –y fundamento utilitarista de la neuroepistemología; la neuroimagen semeja sólo un rudimentario mapa de apoyo para el amplio camino que aún falta por recorrer. Es cierto que, gracias a las grandes contribuciones de la neuroimagen y la magnetoencefalografía, las neurociencias cognitivas aparentemente encuentran una panacea temporal a la demanda de sus necesidades; pero también es muy obvio pensar que el ritmo de la creación tecnológica es tan vertiginoso que el incipiente estado de investigación en los mecanismos claves para acceder a la conciencia aún tienen un abrupto trecho para continuar en el incesante y casi inextinguible sentido de la curiosidad humana por descubrir el *origen de sus orígenes.*

Genéticamente, el cerebro parece estar predeterminado para garantizar el milagro de la consecución del intelecto, mediante la apropiación de fenómenos ínfimos de orden molecular. De la misma manera, toda la maquinaria y engranaje derivada de tales comandos, son los mismos que generan no únicamente el pensamiento premotor, sino también los afectos, las emociones, y por supuesto; las respuestas sensorio-motoras al estímulo y a los eventos concienciales que aún deben ser estudiados.

En los próximas exégesis, la neurobiología desfila totalmente desnuda para demostrar que, en efecto, su impacto en la naturaleza tiene una preeminencia científica, pero, de igual forma, es indudablemente evolutiva.

TABLA 1.2
DIVERSAS ESTRATEGIAS PARA EL ABORDAJE
DE LOS PROBLEMAS NEUROCIENTIFICOS

INVESTIGACIÓN BÁSICA	
Neuro biología Molecular	Microarreglos, Hibridización *In Situ*, PCR, Transferencia de Genes dentro de neuronas, Geles de electroforesis, Mutagénesis dirigida, Modelos de ratones Knock-Out, Estudios en drosóphila, aislamiento y plegamiento de proteínas, etc.
Neuro biología Celular	Homeostasis de calcio intracelular. Microscopía multifotónica y estimulación lumínica a neuronas. Neuromodulación Liberación de Neurotransmisores y procesos estocásticos. Amperometría Biofísica de canales iónicos Electrofisiología de células excitables. Registros de doble y múltiple electrodo, Fijación de Voltaje. Patch Clamp Canal Unitario Patch Perforado Variantes de Configuración.
Neuro biología del desarrollo	Guía del Axón y Sinaptogénesis Migración y Proliferación Neuronal Detección de Factores de Crecimiento Biología Molecular Inmunohistoquímica Metabolismo del calcio intreneuronal Envejecimiento neuronal Neurodegeneración Procesos apoptóticos

Neuro biología conductual y cognitiva	Procesos de Atención y Sistemas de Memoria, Genes y conducta. Evaluación de función neurotransmisora en la actividad mental. Operaciones cerebrales superiores. Evaluación por TEP y RMf de alta resolución. Neurolingüística Neuropsicología cognitiva, Psiconeuroinmunoendocrinología. Neuroetología	
Neuro Fisiología	Sensopercepción e Integración sensorio-motora, Psicofísica y transducción sensorial, protocolos electrofisiológicos. Potenciales evocados relacionados a eventos.	
Crono Biología	Estudio de los ritmos circadianos, Melatonina, NSQ.	
Neuro Inmunología	Inmunohistoquímica, Western blot, Detecciones antígeno-anticuerpo, Antígenos de histocompatibilidad leucocitaria en padecimientos neuroinmunes.	
Neuro Endocrinología	Herramientas biofísicas. Registros electrofisiológicos en membranas de células asociadas a la síntesis y secreción de hormonas. NeuroInmunoendocrinología.	
Neuro Farmacología	Obtención de sustancias químicas que puedan servir a la modulación de actividad neural o de neurofisiología integrativa. Adaptación de reacciones farmacológicas a eventos neurofisiológicos celulares o sistémicos. Resolución de padecimientos patológicos de SNC.	

Neuro Bioquímica	Síntesis de neurotransmisores. Eventos bioquímicos de los procesos neuronales que precisan estudios más profundos. Degradación de sustancias químicas por acción enzimática o interacciones proteína-proteína, etc. Ecuaciones de Michaelis-Menten, etc.	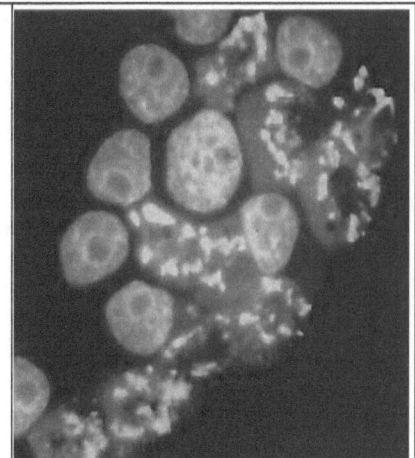
Neuro Ciencias **C o m p u t a c i o n a l e s**	Aplicación de los modelos de redes neuronales a otros sistemas. Modelos computacionales tridimensionales de actividad proteica, estructura y plegamiento molecular. Contribución por medio de modelos neuronales a la cibernética y la robótica. Neuroprótesis Optimización del análisis de un buen porcentaje de resultados experimentales incluyendo los protocolos de neuroimagen con alta resolución. Sus herramientas son útiles para dar un sustento científico a problemas importantes de la neurociencia, como puntualizar la fenomenología de la conciencia. Adaptación de los modelos de retropropagación y paradigmas conexionistas para entender las dinámicas internas de las redes neuronales.	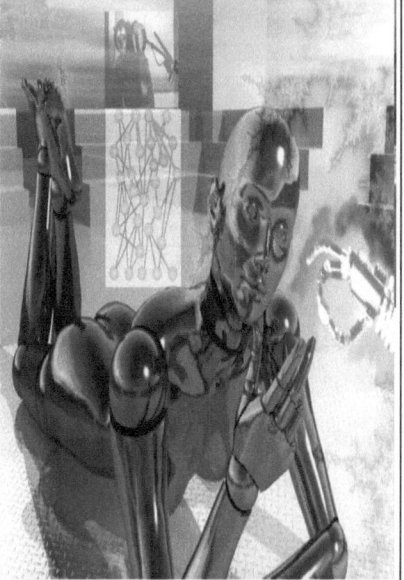 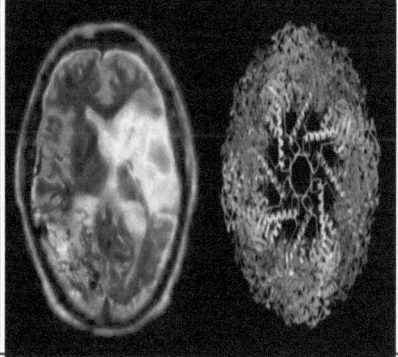

NEUROBIOLOGIA DEL INTELECTO

N E U R O **E P I S T E M O L O G I A**	Problemas de orden ético y estético como la emergencia del ente consciente o de la dicotomía mente-cerebro y sus proyecciones biosistémicas. Enfoque de problemas no resueltos por la parte operativa de la neurofilosofía y las neurociencias. Utilización de modelos neuronales y paradigmas de la filosofía de la mente, para la explicación de los fenómenos por dilucidar. Análisis Epistemológicos de los fundamentos neurobiológicos para accesar al estudio científico de la conciencia. Interacción de las neurociencias sociales con los problemas mente-mente y hombre-máquina..	
	AREA CLÍNICA	
Neurología	Síndromes convulsivos. Miopatías, Trastornos Desmielinizantes. Encefalopatía Hipóxica Neonatal. Medicina preventiva de trastornos neurovasculares.	
Neuro **endocrinología** **Clínica**	Trastornos hormonales sistémicos, adenohipofisiarios y sobretodo de trascendencia neurohipofisiaria. Utilización de recursos de neuroimagen, SPECT, Centelleografías, Uso de ^{131}I, para determinación de niveles de actividad hormonal y su asociación a TSH, etc.	

Yuri   Zambrano

Neuro Cirugía	Estereotaxia ~ NeuroQx. Funcional. Neurocirugía experimental. Neuroradiología Intervencional.	
Neuro fisiología Clínica	Potenciales evocados, Potenciales relacionados a Eventos ERPs, Electromiografías, P 300, Electroencefalografías, mapeos electroencefalográficos, etc.	
Neuropsiquiatría	Investigación en Genética Psiquiátrica, Desarrollo de técnicas de genotipificación, Protocolos tendientes al relevo de la eventual praxis de la psicocirugía. Aplicación de vanguardias en neurofarmacología con medicamentos neurolépticos.	
Neuro Psicología	Aplicación de baterías y protocolos tendientes al esclarecimiento de la función intelectual del individuo durante un padecimiento o en estado neurofisiológico normal. Conocimiento de la función de los procesos neurocognitivos que pudieran adaptarse a protocolos de neuroimagen.	
Rehabilitación Neurológica	Recuperación del daño neurológico tras Accidente Vascular Cerebral, Trauma Raquimedular o craneoencefálico, Hipoxia Neonatal, etc.	

Neuro Patología	Análisis de resecciones displásicas. Cultivos de líneas tumorales Bancos de tejidos cerebrales Crío-almacenaje tisular a largo plazo.	
Psiquiatría y Psicología	Apoyo clínico y terapéutico. Manejo racional de terapia electroconvulsiva. Evaluación óptima y canalización del paciente a Investigación Molecular y de Neurociencias Cognitivas, buscando las bases neurobiológicas del padecimiento.	

EXCERPTA SUCINTA

- La neurobiología debe considerarse como una disciplina de estudio, destinada a comprender, mediante el rigor del método científico, el comportamiento evolutivo del sistema nervioso en su conjunto.

- Los componentes moleculares, neuroanatómicos y fisiológicos, (y los complejos mecanismos que determinan funciones cerebrales de alto orden); traducen tareas conductuales, sensorio-motoras y cognitivo-afectivas, eventualmente relacionadas con la conciencia.

- El intelecto es un conjunto de cualidades racionales propias de un sistema nervioso bien estructurado, que subyace de manera lógica y ordenada a procesos neuronales molecularmente predeterminados.

- La conformación neuronal del sistema nervioso tiene una gran predisposición genética que interfiere en los patrones conductuales del individuo y, por tanto, en sus manifestaciones intelectuales.

Yuri   Zambrano

Literatura Fundamental y
Sugerencias Bibliográficas

Abecasis GR, Green ED, Guyer MS, Zheng Y, and 692 NHGRI contributors (2012). An integrated map of genetic variation from 1,092 human genomes. 1000 Genomes Project Consortium, **(National Human Genome Research Institute)**. Nature. 491(7422):56-65.

Bullock TH. (1984) Comparative neuroscience holds promise for quiet revolutions. Science, 225:473-78

Bzdok D, Langner R, Hoffstaedter F, Turetsky BI, Zilles K & Eickhoff SB (2012). The modular neuroarchitecture of social judgments on faces. Cereb Cortex. 22(4):951-61.

Canu E, Agosta F, Spinelli EG, Magnani G, Marcone A, Scola E, Falautano M, Comi G, Falini A, Filippi M (2013). White matter microstructural damage in Alzheimer's disease at different ages of onset. Neurobiol Aging. 34(10):2331-40.

De Felipe J (2002) Cortical interneurons: from Cajal to 2001. Prog. Brain Res. 136:215-38

Dominey PF (2013). Reciprocity between second-person neuroscience and cognitive robotics. Behav Brain Sci. 36(4):418-9.

Flaherty AW (2005) Frontotemporal and dopaminergic control of idea generation and creative drive. J. Comp. Neurol. 493:147-53.

Green ED, Guyer MS, NHGRI (2011) Charting a course for genomic medicine from base pairs to bedside (National Human Genome Research Institute). Nature. 470(7333):204-13

Hebb DO (1949) The Organization of Behavior: A neuropsychological Theory. NY. John Wiley and Sons.

Hobson JA (2001) The Dreams Drugstore: chemically altered states of consciousness. Cambridge, MIT Press.

Kandel ER (2012) The molecular biology of memory: cAMP, PKA, CRE, CREB-1, CREB-2, and CPEB. Mol Brain. 14;5:14.

Mansfield P (2003) Snap shot MRI. The Nobel Prizes 2003, Editor Tore Frängsmyr, Nobel Foundation, Stockholm, 2004.

Molnár Z & Pollen A (2014). How unique is the human neocortex? Development. 141(1):11-6.

Morgan TH. (1933) The Relation of Genetics to Physiology and Medicine. Nobel Lectures, Physiology or Medicine 1922-1941. Elsevier.

Olff M, Frijling JL, Kubzansky LD, Bradley B, Ellenbogen MA, Cardoso C, Bartz JA, Yee JR, van Zuiden M (2013). The role of oxytocin in social bonding, stress regulation and mental health: an update on the moderating effects of context and interindividual differences. Psychoneuroendocrinol., 38: (9): 1883-94.

Raichle ME, Posner JB & Plum F. (1970) Cerebral blood flow during and after hyperventilation. Arch Neurol. 23:394-403

Sanger F. (1975) The Croonian Lecture, 1975. Nucleotide sequences in DNA. Proc R Soc Lond B Biol Sci. 191:317-33.

Sejnowsky T.J (2003) The Computational Self. Ann. NY Acad. Sci. 1001:262-71.

Sternberg, R.J., & Kaufman SB (Eds.) (2011): The Cambridge Handbook of Intelligence. New York, NY: Cambridge University Press.

Südhof TC (2012). The presynaptic active zone. Neuron. 75:11-25

Toga AW, Clark KA, Thompson PM & Shattuck DW, Van Horn JD (2012). Mapping the human connectome. Neurosurgery. 71(1):1-5.

Urgen BA, Plank M, Ishiguro H, Poizner H, Saygin AP (2013). EEG theta and Mu oscillations during perception of human and robot actions. Front Neurorobot. 13;7:19.

Volkow ND, Wang GJ, Tomasi D & Baler RD (2013). Obesity and addiction: neurobiological overlaps. Obes Rev. 14(1):2-18.

Wilkins MHF (1962) The Molecular Configuration of Nucleic Acids. Nobel Lectures, Physiology or Medicine 1942-1962, Elsevier Publishing Company, Amsterdam, 1964

Zambrano Y (2012) Neuroepistemology: What the neurons knowledge tries to tell us. Phy Psi K'a Publishing, Co.

Zatorre RJ (2003) Music and the brain. Ann. NY. Acad. Sci. 999:4-14.

Zeigler HP & Marler P (2004) Behavioral neurobiology of birdsong. Ann. NY. Acad. Sci. 1016:1-77 *Special Issue*.

121

BIBLIOGRAFIA REFERENCIAL

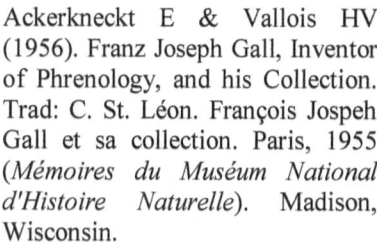

LIBRO PRIMERO
(Lecturas Recomendadas y **Esenciales**)

Ackerkneckt E & Vallois HV (1956). Franz Joseph Gall, Inventor of Phrenology, and his Collection. Trad: C. St. Léon. François Jospeh Gall et sa collection. Paris, 1955 (*Mémoires du Muséum National d'Histoire Naturelle*). Madison, Wisconsin.

Aharon I, Etcoff N, Ariely D, Chabris CF, O'Connor E, Breiter HC (2001) Beautiful faces have variable reward value: fMRI and behavioral evidence. Neuron 32:537-51

Aminoff MJ & Daroff RB (2003) Encyclopedia of Neurological Sciences. Vol 4. Academic Press.

Avanzini G, Faienza C, Miniciacchi D, Lopez L & Majno M (2003) The Neurosciences and music. Ann. NY. Acad. Sci. 999: 1-154 y 215-301

Ballesteros-Yañez I, Muñoz A, Contreras J, Gonzalez J, Rodriguez-Veiga E, De Felipe J. (2005) Double bouquet cell in the human cerebral cortex and a comparison with other mammals. J Comp Neurol. 486:344-60.

Basser PJ, Mattiello J, LeBihan D (1994). Estimation of the effective self-diffusion tensor from the NMR spin echo. J Magn Reson B. 103(3):247-54.

Beadle G & Tatum E (1958) Nobel Lectures, Physiology or Medicine 1942-1962, Elsevier Publishing Company, Amsterdam, 1964

Brambilla F (2000). Psychoneuro endocrinology: a science of the past or a new pathway for the future? Eur J Pharmacol. 405(1-3):341-9.

Brazier MA (1984) A history of neurophysiology in the 17 th and 18 th centuries. Raven Press, NY.

Breiter HC, Aharon I, Kahneman D, Dale A & Shizgal P (2001) Functional imaging of neural responses to expectancy and experience of monetary gains and losses. Neuron 30:619-39

Burckhardt G (1891) Ueber rindenexcisionen, als beitrag zur operativen therapie der psychosen. Allegemaine. *Zeitschrift fur Psychiatrie* 47.463-545.

Chen GK & Guo Y (2013). Discovering epistasis in large scale genetic association studies by exploiting graphics cards. Front Genet. 3;4:266

Churchland PS (2003) The Brain Wise. Studies in Neurophilosophy. MIT Press.

Clarke E & O'Malley CD (1968). The Human Brain and Spinal Cord, Berkeley: University of California Press.

Cohen D. (1968) Magnetoencephalography: evidence of magnetic fields produced by alpha-rhythm currents. Science. 161:784-6.

Cohen D & Nicolelis MAL (2004) Reduction of single neuron firing uncertainty by cortical ensembles during motor skill learning. J. Neurosci. 24:3574-82.

Cole KS & Curtis HJ (1939) Electric impedance of the squid giant axon during activity. J. Gen. Physiol. 22:649-670

Crawford MP, Fulton JF, Jacobsen CF & Wolfe JB (1948) Frontal Lobe Ablation in chimpanzee: a resumé of Becky and Lucy. Res. Publ. Assoc. Nerv. Ment. Dis. 27:3-58. Cit IN: Swayze, VW, 1995.

De Bruïne FT, Van Wezel-Meijler G, Leijser LM, Steggerda SJ, Van Den Berg-Huysmans AA, Rijken M, Van Buchem MA, Van Der Grond J (2013). Tractography of white-matter tracts in very preterm infants: a 2-year follow-up study. Dev Med Child Neurol. 55(5):427-33

Delcomyn F. (2004) Insect walking and robotics. Annu Rev Entomol. 49:51-70.

Diederich M (2003) Apoptosis: From Signalling pathways to therapeutic tools. Ann. NY Acad. Sci. 1010: 1-9 y 43-721 (Special Issue).

Duncan J, Seitz RJ, Kolodny J, Bor D, Herzog H, Ahmed A, Newell FN & Emslie H (2000) A Neural Basis for General Intelligence. Science 289:457-60

Duncan J (2003) Intelligence tests predict brain response to demanding task events. Nat. Neurosci. 6:207-8.

Ebstein RP, Israel S, Chew SH, Zhong S & Knafo A (2010) Genetics of human social behavior. Neuron. 65(6):831-44.

Feinberg DA, Moeller S, Smith SM, Auerbach E, Ramanna S, et al. (2010) Correction: Multiplexed Echo Planar Imaging for Sub-Second Whole Brain FMRI and Fast Diffusion Imaging. PLoS ONE: http://dx.doi.org/10.1371

Finger S (1994). Origins of Neuroscience, New York: Oxford University Press.

Frey S & Petrides M (2002) Orbitofrontal cortex and memory formation. Neuron 36: 171-76.

Gevins A (2002) Electrophysiological Imaging of Brain Function. IN: Toga AW & Maziotta JC. Brain Mapping: The Methods. Second Ed. Academic Press.

Grant PE (2005) Imaging the developing epileptic brain. Epilepsia 46: Suppl 7:7-14.

Gray JR, Braver TS & Raichle ME (2002) Integration of emotion and cognition in the lateral prefrontal cortex. Proc. Natl. Acad. Sci. USA 99:4115-20.

Gray JR, Chabris CF & Braver TS (2003) Neural Mechanisms of general fluid Intelligence. Nat. Neurosci. 6:316-22.

Green T, Heinemann SF & Gusella J (1998) Molecular Neurobiology and Genetics. Investigation of neural function and disfunction. Neuron 20:427-444.

Hagmann P, Cammoun L, Gigandet X, Meuli R, Honey CJ, Wedeen VJ, Sporns O (2008) Mapping the structural core of human cerebral cortex. PLoS Biol. Jul 1;6(7):e159.

Hamalainen MS, Ilmoniemi RJ. (1994) Interpreting magnetic fields of the brain: minimum norm estimates. Med Biol Eng Comput. 32:35-42.

Hubel DH & Wiesel TN (1959) Receptive fields of single neurones in the cat's striate cortex. J. Physiol. 148: 574-91

Hubel D (1981) Evolution of Ideas on the Primary Visual Cortex, 1955-1978: A Biased Historical Account. The *Nobel Lectures, Physiology or Medicine 1981-1990*. World Scientific Publishing Co., Singapore, 1993

Huotilainen M, Ilmoniemi RJ, Lavikainen J, Tiitinen H, Alho K, Sinkkonen J, Knuutila J, Naatanen R. (1993) Interaction between representations of different features of auditory sensory memory. Neuroreport.10:4(11):1279-81.

Ilmoniemi RJ, Virtanen J, Ruohonen J, Karhu J, Aronen HJ, Naatanen R, Katila T. (1997) Neuronal responses to magnetic stimulation reveal cortical reactivity and connectivity. Neuroreport. 8:3537-40.

Jiang Y, Lee A, Chen J, Ruta V, Cadena M, Chalt BT & MacKinnon R (2003) X-Ray Structure of a Voltaje Dependent K$^+$ Channel. Nature, 423:33-41

Jones EG (2000) Microcolumns in the cerebral cortex, PNAS 97:5019-5021

Kandel E.R. & Tauc L (1964) Mechanism of prolonged heterosynaptic facilitation. Nature 202, 145

Kandel ER & Hawkins RD (1992) The biological basis of learning and individuality. Sci Am. 267(3):78-86

Kandel ER (2001) The molecular biology of memory storage. A dialogue between genes and synapses. Science 294:1030-37.

Katzer M, Kummert F, Sagerer G (2003) Methods for automatic microarray image segmentation. IEEE Trans Nanobioscience. 2:202-14.

Kawabata H & Zeki S (2004) Neural Correlates of Beauty. J. Neurophysiol. 91:1699-1705

Kramrisch S, Ott J & Wasson RG (1986) Persephone's Quest: Entheogens and the Origins of Religion. New Haven, CT: Yale University Press

Khoranna HG. (1968) Nucleic Acid Synthesis in the Study of the Genetic Code. The Nobel

Lectures, Physiology or Medicine 1963-1970, Elsevier Publishing Company, Amsterdam, 1972

Koch G, Oliveri M, Torriero S, Caltagirone C. (2005) Modulation of excitatory and inhibitory circuits for visual awareness in the human right parietal cortex. Exp Brain Res. 160(4):510-6.

Kononenko NI, Kostyuk PG. (1976) Further studies of the potential-dependence of the sodium-induced membrane current in snail neurones. J Physiol. 256:601-15.

Kwong KK, Belliveau JW, Chesler DA, Goldberg IE, Weisskoff RM, Poncelet BP, Kennedy DN, Hoppel BE, Cohen MS, Turner R, et al. (1992) Dynamic magnetic resonance imaging of human brain activity during primary sensory stimulation. Proc Natl Acad Sci U S A. 89:5675-9.

Le Bihan, D & Breton E (1985). *"Imagerie de diffusion in-vivo par résonance"*. C R Acad Sci (Paris) 301 (15): 1109–1112.

Le Bihan, D. (2006). "Direct and fast detection of neuronal activation in the human brain with diffusion MRI". *Proceedings of the National Academy of Sciences* 103 (21): 8263–8268

Lee KE, Sha N, Dougherty ER, Vanucci M & Mallick BK (2003) Gene Selection: a Bayesian variable selection approach. Bioinformatics 19:90-7

Lorenz K (1935) *Der Kumpan in der Umwelt des Vogels. Journal für Ornithologie* 83, 137-215 und 289-413.

Luria AR. (1977) Las Funciones Corticales Superiores del Hombre. Editorial Orbe, La Habana.

Malenka RC & Bauer MF (2004) LTP and LTD, an embarrassment of riches. Neuron 44:5-21

Malonek D, Dirnagl U, Lindauer U, Yamada K, Kanno I, Grinvald A.(1997) Vascular imprints of neuronal activity: relationships between the dynamics of cortical blood flow, oxygenation, and volume changes following sensory stimulation. Proc Natl Acad Sci U S A. 94:14826-31.

Mansfield P. (1977) J Phys C Solid State Phys.10:L55–L58

Margottil E & Domenici L.(2003) NR2A but not NR2B N-methyl-D-aspartate receptor subunit is altered in the visual cortex of BDNF-knock-out mice. Cell Mol Neurobiol. 23:165-74.

Marshall LH & Magoun HW (1998) Discoveries in the Human Brain. Humana Press, Inc. Totowa NJ.

Mazziotta JC, Toga AW, Frackowiak RSJ (2000) Human Brain Mapping. The Disorders. Academic Press.

Mc Clintock B (1983) The Significance of Responses of the Genome to Challenge. Nobel Lectures, Physiology or Medicine

1981-1990, Editor-in-Charge Tore Frängsmyr, Editor Jan Lindsten, World Scientific Publishing Co., Singapore, 1993

Mc Culloch WS & Pitts WH (1943) A logical calculus of the ideas immanent in nervous activity. Bull. Math. Biophys. 5:115-123. **Cit in: Von der Malsburg C. (1999)** The What and Why of Binding: Modeler's perspective. Neuron: 24:95-104.

McGue, M. & Bouchard, T. J. Jr. (1998). Genetic and environmental influences on human behavioral differences. Annual Review of Neuroscience, 21, 1-24.

Mc Kinnon R. (2003) Potassium Channels and the Atomic Basis of Selective Ion Conduction. *Les Prix Nobel.* The Nobel Prizes 2003, Editor Tore Frängsmyr, [Nobel Foundation], Stockholm, 2004

Mena F, Fruns M, Ducci H, Soto F, Contreras A & Mena I.(2000) Combined Intravenous and Intra-Arterial Thrombolysis in Acute Cerebral Infarct . Alasbimn Journal 2 (7).

Miller C (1989) Genetic manipulation of ion channels: A new approach to structure and mechanism. Neuron 2: 1195-1205

Moniz E (1925) *L'elencephalographie artérielle, son importance dans la localisation des tumeurs cérébrales.* Rev. Neurol. (París) 11:27-90.

Moniz AE (1936) *Essai d'un traitement chirurgical des certaines psychoses.* Bulletin de l'academie de médecine. 115:385-92.

Moseley ME, Cohen Y, Kucharczyk J, Mintorovitch J, Asgari HS, Wendland MF, Tsuruda J, Norman D (1990). Diffusion-weighted MR imaging of anisotropic water diffusion in cat central nervous system. Radiology. 176(2):439-45

Mullis KB (1993) The Polymerase Chain Reaction. Nobel Lectures, Chemistry. World Scientific Publishing Co., Singapore, 1993

Näätänen R, Ilmoniemi RJ & Alho K (1994) Magnetoencephalography in studies of human cognitive brain function. Trends Neurosci. 17:389-95

National Research Council (1988). *Mapping And Sequencing the Human Genome* (National Academy Press, 1988).

Nemeroff CB (2013) Psychoneuroimmunoendocrinolo gy: the biological basis of mind-body physiology and pathophysiology. Depress Anxiety.;30(4):285-7.

Nichols JG, Kuffler SF & Wallace BG (1992) From Neuron To Brain. Sinauer Assoc. Inc. Sunderland Mass.

Ohtsuka K. & Enoki T (1998) Transcranial magnetic stimulation over the posterior cerebellum during smooth pursuit eye movements in man. Brain. 121:429-35.

Okada YC, Tanenbaum R, Williamson SJ, Kaufman L. (1984) Somatotopic organization of the human somatosensory cortex revealed by neuromagnetic measurements. Exp Brain Res. 56:197-205.

Park HJ (2005) Quantification of white matter using DTI. IN Glabus, 2005, Vol 66:167 190

Park HJ, Kubicki M, Shenton ME, Guimond A, McCarley RW, Maier SE, Kikinis R, Jolesz FA, Westin CF (2003). Spatial normalization of diffusion tensor MRI using multiple channels. Neuroimage. Dec;20(4):1995-2009

Pavlov I (1904) Nobel Lectures, Physiology or Medicine 1901-1921, Elsevier Publishing Company, Amsterdam, 1967.

Raichle ME, Phelps ME, Larson KB, Grubb RL Jr, Welch MJ, Ter-Pogossian MM.(1973) In vivo measurement of cerebral glucose metabolism employing radiactive 11C-labeled glucose. Trans Am Neurol Assoc. 98:11-3.

Ross HE & Young LJ (2009) Oxytocin and the neural mechanisms regulating social cognition and affiliative behavior. Front Neuroendocrinol. (4):534-7.

Sanger F. (1980) Determination of Nucleotide Sequences in DNA. The Nobel Lecture, World Scientific Publishing Co., Singapore, 1993

Saxe R (2006) Uniquely Human Social Cognition. Curr. Op. Neurobiol. 16:235-39

Schlesinger M (2004). Evolving agents as a metaphor for the developing child. Dev Sci. 7(2):158-64.

Spemann H (1935) The Organizer-Effect in Embryonic Development. The Nobel Lectures, Physiology or Medicine 1922-1941, Elsevier Publishing Company, Amsterdam.

Sperry RW (1943) Visuomotor coordination in the newt. (Triturus viridescens) after regeneration of the optic nerve. J. comp. Neurol. 79:33-35 cit in: Purves & Lichtmann. 1984.

Sperry RW (1963) Chemoaffinity in the orderly growth of nerve fiber patterns and connections. PNAS 50:703-710

Sperry RW (1968) Mental unity following surgical disconnection of the cerebral hemispheres. Harvey Lect. 62:393-323.

Sporns O, Tononi G & Kötter R (2005). The human connectome: A structural description of the human brain. PLoS Comput Biol. 1:245–251.

Sternberg RJ. (2012) Intelligence. Dialogues Clin Neurosci. 14(1):19-27.

Sudhoff T.C., Lottspeich F., Greengard P., Mehl E. & Jahn R. (1987). Synaptophysin: a sinaptic vesicle protein with four transmembrane regions as a novel cytoplasmic domain. Science. 238:1142-44.

Swayze II, VW (*1995*): **Frontal leukotomy and related psychosurgical procedures in the era before antipsychotics (1935-1954): A historical overview.** *Am. J. Psychiatry*, **152 (4):505-515.**

Szentagothai, J (1978) The neuron network of the cerebral cortex: A functional interpretation. Proc. R. Soc. Lond. B 201:219-248.

Tamburin S, Fiaschi A, Marani S, Andreoli A, Manganotti P, Zanette G. (2004) Enhanced intracortical inhibition in cerebellar patients. J Neurol Sci. 217:205-10.

Tedeschi G, Bertolino A, Massaquoi SG, Campbell G, Patronas NJ, Bonavita S, Barnett AS, Alger JR, Hallett M. (1996) Proton magnetic resonance spectroscopic imaging in patients with cerebellar degeneration. Ann Neurol. 39:71-8.

Tesche CD & Karhu JJ. (2000) Anticipatory cerebellar responses during somatosensory omission in man. Hum Brain Mapp. 9:119-42.

Thatcher RW, Hallett M, Zeffiro T, John ER, Huerta M [1994] Functional Neuroimaging: Technical Foundations. Academic Press. San Diego Calif.

Toga AW & Mazziotta JC (2002) Brain Mapping: The Methods. Second Ed. Academic Press.

Toga AW, Mazziotta JC (2000) Brain Mapping: The Systems, Academic Press.

Turner, R; Le Bihan, D,Maier, J, Vavrek, R, Hedges, LK, Pekar, J (1990). "Echo-planar imaging of intravoxel incoherent motion". *Radiology* **177 (2): 407–14.**

Van Essen DC, Ugurbil K, et al: WU-Minn HCP Consortium (2012). The Human Connectome Project: a data acquisition perspective. Neuroimage. 62(4):2222-31.

Volkow ND & Wise R (2005) How can drug addiction help us understand obesity? Nature Neurosci. 5:555-560

Von Neumann J (1958) The computer and the brain. Yale University Press. New Haven CT.

Watson JB (1915) Behavior And The Concept Of Mental Disease. Journal of Philosophy, Psychology, and Scientific Methods, 13, 589-597

Wiener N (1948) Cibernetics or Control and Communication in the Animal and in the machine. MIT Press, Cambridge, MA.

Zeki S (1993) A vision of the Brain. Oxford, Blacwell Scientific Publication.

Zonta M, Angulo MC, Gobbo S, Rosengarten B, Hossmann Ka, Pozzan T, Carmignoto G (2003) Neuron to astrocyte signaling is central to the dynamic control of brain microcirculation. Nat. Neurosci. 6:43-50.

www.ingramcontent.com/pod-product-compliance
Lightning Source LLC
Chambersburg PA
CBHW030006190526
45157CB00014B/877